基于犹豫模糊信息的
综合评价理论、方法与应用

阮传扬　张　杰　著

国家自然科学基金面上项目：71871067

科 学 出 版 社

北 京

内 容 简 介

犹豫模糊集是目前管理科学和系统工程等领域崭新的研究方向。在需要决策者参与的管理决策中，决策者的判断和偏好信息是决策的基础，决策者对备选方案的熟悉程度以及属性之间内在的优先级关系都会对决策结果产生重要的影响。因此，本书对基于犹豫模糊信息的多指标评价问题进行系统的研究和探索，主要包括：考虑可信度与优先级的犹豫模糊信息集成算子、指标之间相互独立或关联的犹豫模糊评价方法、基于新型犹豫度的犹豫模糊测度方法及其应用、不完全指标优先级的犹豫模糊综合评价问题、犹豫模糊交互式评价方法及其应用，以及模糊决策思维在社会治理中的应用研究。

本书适合从事统计学、决策论、管理科学、模糊系统、应用数学、工程与工业系统优化设计、社会经济等方面的理论与应用研究人员，以及高等院校统计学、决策科学、管理科学、运筹学、模糊数学、系统工程、应用数学、水文学及水资源、系统工程与控制论等学科或专业的教师、硕士研究生和博士研究生参考阅读。

图书在版编目（CIP）数据

基于犹豫模糊信息的综合评价理论、方法与应用 / 阮传扬，张杰著. —北京：科学出版社，2023.1

ISBN 978-7-03-071614-9

Ⅰ. ①基… Ⅱ. ①阮… ②张… Ⅲ. ①模糊集 Ⅳ. ①O159

中国版本图书馆 CIP 数据核字（2022）第 031895 号

责任编辑：邓 娴 / 责任校对：樊雅琼
责任印制：张 伟 / 封面设计：无极书装

科 学 出 版 社 出版

北京东黄城根北街 16 号
邮政编码：100717
http://www.sciencep.com

北京建宏印刷有限公司 印刷
科学出版社发行 各地新华书店经销

*

2023 年 1 月第 一 版 开本：720 × 1000 1/16
2023 年 7 月第二次印刷 印张：10
字数：200 000

定价：102.00 元
（如有印装质量问题，我社负责调换）

作者简介

　　阮传扬，1987 年生，博士（后）、研究生导师。广东财经大学工商管理学院智库中心主任、学术委员会委员、校级青年创新团队负责人。兼任广东省人民政府参事调研团专家组成员、广东省人民政府发展研究中心研究人员。2010 年获西安交通大学自动化专业工学学士学位，2011 年 8 月～2012 年 6 月作为中国科学院深圳先进技术研究院客座学生，2016 年获华南理工大学管理科学与工程专业管理学博士学位（硕博连读），2020 年 12 月于上海交通大学安泰经济与管理学院博士后出站，长期从事经济管理决策与系统理论及应用研究，主持完成中国博士后科学基金一等资助项目和教育部、国家统计局、科技部、广东省教育厅以及广州市哲学社会科学发展"十三五"规划青年项目等各类课题 10 余项。以第一作者或英文独立通讯作者发表 SSCI/SCI/EI 收录论文 20 余篇，主笔撰写的决策咨询报告分别刊发于《南方智库专报》《广东统计年鉴》等，共获得 6 次省部级以上领导批示，7 篇研究报告获得市厅级以上政府部门采纳。荣获广东省第七届哲学社会科学优秀成果奖、博士研究生国家奖学金、广东财经大学教学质量优秀奖、"三育人"先进个人等多项荣誉。

　　张杰，1982 年生，广东财经大学物流管理系主任、教授、研究生导师，广东财经大学"南岭学者"拔尖人才。2005 年获清华大学数学科学系理学学士学位、2010 年获香港科技大学工业工程与物流管理系管理学博士学位。主持国家自然科学基金项目 2 项，在 *Production and Operations Management*、*European Journal of Operational Research* 等国际知名期刊发表科研论文多篇，荣获广东省第七届哲学社会科学优秀成果奖、广东财经大学教学质量优秀奖等多项荣誉。

前　　言

作为现代决策科学的一个重要分支,基于模糊信息的多指标综合评价方法已经被广泛地应用在诸多领域。信用评级问题、绩效评估问题、软件质量评估问题以及科技项目评审问题、社会治理水平问题等均体现了模糊多指标评价方法的实用性及应用性。因此,模糊多指标评价理论与方法受到越来越多学术科研人员的重视,尤其是近年发展起来的允许决策数据信息同时有多个评估值的基于犹豫模糊集的决策方法成为研究热点。然而,这些模糊决策方法在实际应用中仍然具有局限性,还有待更进一步的研究,尤其是针对具有特殊偏好信息的犹豫模糊综合评价理论与方法的研究。基于此,本书系统地研究了指标值为犹豫模糊信息且考虑可信度与优先级的多指标综合评价方法。

本书主要研究考虑可信度与优先级的犹豫模糊信息集成方式、信息测度方法以及交互式多指标评价方法等,并将其应用到软件质量评估、上市公司财务评价、社会治理水平评估等实际问题中,使得具有偏好信息的犹豫模糊综合评价方法能够满足实际决策的需要。

本书的主要研究内容涉及以下五个方面:犹豫模糊信息集成理论与方法研究;犹豫模糊信息测度理论与方法研究;权重信息不完全的犹豫模糊评价方法研究;基于犹豫模糊决策矩阵的交互式群评价理论与方法研究;模糊决策思维在社会治理中的应用研究。

目　　录

第1章 绪 论

决策普遍存在于日常生活中，就业的选择、工程项目的投资、高考志愿的填报、方针路线的制定、军事基地的选择、工厂的选址、日常生活用品的选购等都是决策活动。数学规划以及系统工程等理论方法可以有效地评价单目标或单属性的决策活动。然而，在日常生活中往往需要从多个目标多个属性甚至交互式循环的角度来分析与评价某一决策活动，例如，在应届大学生的就业选择过程中，不仅需要考虑目前的工资待遇，而且需要认真考虑发展前景、是否经常加班以及地理位置等因素。多属性决策即根据多个属性进行综合决策活动，通过管理决策方法得出已知方案的综合排序。本书主要研究基于犹豫模糊决策信息且具有可信度与优先级的多属性决策问题。

在经典的多属性决策过程中，属性决策数据通常用精确数来表示。随着社会的发展以及决策问题复杂度的提升，决策者很难用确定的数据来表示不确定的决策信息。为了解决这种情况下的决策问题，Bellman 和 Zadeh[1]利用模糊数来表示该种情况下的不确定信息，给出了模糊多属性决策方法。之后，考虑决策者可能不仅给出各个方案满足各个属性的决策值，还会给出不满足属性的综合决策值，Atanassov[2]给出了直觉模糊集（intuitionistic fuzzy set，IFS）的概念，且满足各个属性的决策值和不满足属性的决策值之和小于等于 1，直觉模糊集中的元素称为直觉模糊数[3]。近年来，决策过程的复杂度快速提升，决策者经常面临犹豫不决的情况，潜意识中认为几个评价值都有可能。为了解决这种问题，Torra[4]提出了犹豫模糊集（hesitant fuzzy set，HFS）的概念，该类模糊集可以同时用几个可能的值表示隶属程度，其元素称为犹豫模糊数[5]。通过对传统模糊集、直觉模糊集以及犹豫模糊集的对比，我们可以发现犹豫模糊集由于允许决策者同时给出几个可能的值，有效地增加决策活动的灵活性，更加细腻地描述决策事物的不确定性，更加适合存在犹豫情形的现实决策问题。

犹豫模糊集作为近几年提出的一种具有独特优势的扩展模糊集，在许多领域都有着广泛的应用前景。当决策者对现实问题进行决策存在犹豫时，目前的模糊决策理论与方法已不再适用。因此，研究基于犹豫模糊信息且具有特殊偏好的模糊决策方法有着重要的理论和现实意义。信息集成理论集成各个备选方案对应的各个属性的综合表现值，是多属性决策的基础和关键步骤。虽然已有学者开始关注犹豫模糊信息的集成问题，但是该问题具有一定的难度和深度，有待进一步的研究。例如，如何有效集成具有可信度或属性之间有优先级的犹豫模糊信息以及交互式决策问题？在具有专家可信度或属性之间具有优先级关系的条件下采用何种集成方式更符合实际情况？因此，本书通过对犹豫模糊多指标评价方法的研究，提出一系列信息集成算子、指标权重确定方法以及交互式决策方法，并将其应用在现实的决策环境中，不但可以充实和完善不确定信息集成理论，而且可以为实际评价问题提供理论依据和实用的方法指导。

针对不确定性决策问题的研究（尤其是模糊决策问题的研究）有效地推动了其与现实问题的有机结合，但目前决策问题的研究成果大多关注区间模糊数、直觉模糊数、模糊语言信息等，而鲜有基于犹豫模糊信息决策方法的研究。另外，虽然模糊决策与其他领域学科（如统计学、计算机应用和模糊数学）的结合逐渐解决了直觉模糊信息、三角模糊信息、区间模糊信息等模糊决策问题，但是此领域的研究仍处于探索阶段，还有很多模糊决策理论与方法需要更进一步的研究，如犹豫模糊信息的处理方法以及考虑可信度和属性优先级的不确定信息的处理方法。本书正是在此背景下，对具有可信度和优先级的犹豫模糊不确定信息多属性决策问题的理论和方法进行系统研究，提出一系列考虑可信度与优先级的信息集成算子以及交互式决策方法等综合决策方法，丰富和完善具有偏好信息的模糊多属性决策理论和方法，为不确定环境下的模糊多属性决策问题提出全新的研究思路，也为模糊决策与其他领域现实问题的结合提供重要的参考依据和借鉴意义。

由于社会分工越来越细化，专家的知识经验有限，很难做到每个专家对备选方案中的每个属性都很熟悉。为了达到科学决策的目的，应当考虑用可信度来表示专家对备选方案的熟悉程度，要求专家在给出犹豫模糊评价值的同时给出相应的反映专家熟悉程度的可信度数值。在进行多指标综合评价时，指标之间往往存在某种程度的优先级关系，如何利用已有的指标优先级关系进行科学决策是一个有趣且有意义的问题。本书尝试提出基于犹豫模糊信息且考虑可信度与优先级的多指标综合评价方法，并通过一些实例分析，将具有可信度与优先级的犹豫模糊综合评价方法应用到各种实际问题中，用来辅助相关机构进行科学决策。因此，研究具有偏好信息的犹豫模糊多指标综合评价方法具有一定的现实意义。

犹豫模糊多属性决策是最近几年决策科学领域的研究热点，尽管已经取得一些成果，但仍有很多问题需要进一步的研究和探讨。本书在国内外相关研究的基础上，对基于犹豫模糊信息的多指标综合评价问题进行深入研究，提出一系列基于犹豫模糊信息的综合评价理论、模型和方法。主要内容如下。

1. 犹豫模糊信息集成理论与方法研究

信息集成技术是多指标综合评价的核心，从数据特征、专家可信度、指标关联等角度对犹豫模糊信息集成方法展开研究：①提出基于数据变异结构的信息集成思路，构造犹豫模糊依赖型集成算子，该集成方法体现了待集成数据与其权重之间的联系，并研究该方法在项目投资等实际问题中的应用；②提出兼顾指标权重和专家熟悉程度的犹豫模糊诱导性信息集成算子，该集成算子具有很强的扩展性，与其他集成算子结合能生成许多兼顾各种特征的合成算子；③研究专家可信度在综合评价问题中的应用，提出一系列具有专家可信度的犹豫模糊集成方法，并研究该方法在优秀学位论文评审中的应用；④从指标的优先级角度，提出新的犹豫模糊优先级集成算子，该集成算子有效地改进现有集成算子（如犹豫模糊平均或几何算子）的缺陷，全面度量指标之间的优先级关系，并研究该集成算子与专家可信度的结合问题及其在应急预案评估中的应用。

2. 犹豫模糊信息测度理论与方法研究

如何科学合理地构造犹豫模糊距离测度已成为国内外研究的热点问题,本书从以下方面对犹豫模糊信息测度进行研究：①基于犹豫模糊元中元素的方差与个数提出一种新型犹豫度的概念，并给出犹豫模糊符号距离的定义，研究该测度的优良性质，如单调性、有界性和幂等性，研究属性之间具有优先级关系的犹豫模糊决策方法及该测度在突发事件应急预案评估中的应用；②针对群体决策测算方法的研究存在视角单一化问题，构建关联犹豫模糊多属性决策方法，给出专家或者属性之间关联关系的定量刻画方法；③提出基于区间犹豫模糊信息的距离测度方法，并给出区间犹豫模糊多属性决策方法及其在投资决策中的应用；④基于新型犹豫度提出一种犹豫模糊符号相关性的概念，并结合属性优先级关系研究犹豫模糊多属性决策方法，详细研究该类决策方法的有效性、科学性及其应用。

3. 权重信息不完全的犹豫模糊评价方法研究

在多属性决策方法中，由于属性权重的确定比较敏感，如何科学、合理地选择属性权重确定方法成为重中之重。本书从以下方面对基于犹豫模糊信息的权重确定方法进行研究：①针对权重完全未知的犹豫模糊综合评价问题，考虑是否具有方案偏好两种情形，利用犹豫模糊关联度构建最优属性权重确定模型，提出犹豫模糊向量投影的概念，并给出一种介于评价值与理想评价值之间的投影值来确定方案排序的方法；②针对指标权重部分未知的情形，通过数学规划优化模型确定指标的权重，进而提出基于相似度的犹豫模糊多指标综合评价方法，同时对在实际中如何获取犹豫模糊数进行有益的探索；③针对含有不完全属性优先级的犹豫模糊多属性决策问题，提出基于加权变异率修正不完全序关系分析（order relation analysis，又称 G1）组合赋权方法，在该组合赋权方法中对具有不完全信息的属性优先级进行修正以及一致性检验，并通过软件质量评估问题论证该组合赋权方法的可行性及有效性。

4. 基于犹豫模糊决策矩阵的交互式群评价理论与方法研究

犹豫模糊决策矩阵是描述专家对方案或指标偏好信息的一个非常有效的工具，本书主要从以下方面进行研究：①利用指标中的犹豫模糊数与指标综合评价值的相关程度，根据强调中间评估值、两端评估值等三种情况，提出三种专家可信度修正方法，并在其基础上给出犹豫模糊决策矩阵一致性检验方法；②分析基于犹豫模糊决策矩阵的交互式群评价的基本原理与方法，指出一般交互式群评价过程中存在的局限性，结合加权变异率修正不完全 G1 组合赋权方法（其对应的程序流程图见图 1-1），提出一种同时考虑可信度与不完全指标优先级的交互式群体评价流程与模型；③利用专家个体判断偏好的一致性水平与群体综合偏好的相似性程度，提出交互式过程中专家的专家权重构造与修正方法，并给出专家意见修正反馈方法，将该交互式评价方法应用到上市公司财务评价问题中。

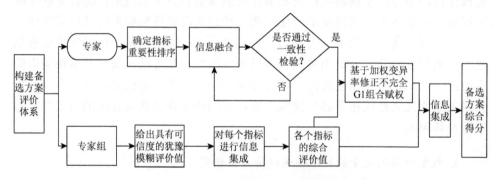

图 1-1   考虑可信度与不完全指标优先级的犹豫模糊评价方法

5. 模糊决策思维在社会治理中的应用研究

哲学社会科学的领域不断扩展，所研究的问题趋于复杂化，逐渐出现了许多无法用经典定量分析方法计算的模糊量。例如，对某个领域的家庭经济能力的评价，往往可以分为富裕、小康、温饱等；对人的身高的评价，往往可以分为高、中、矮等，这些便是模糊量，即这些量需要利用模糊思维去度量。本书采用模糊决策思维方式研究社会治理问题，主要从以下方面进行研究：①从社会治理的发展形势出发，深入剖析推进社会"智治"水平面临的问题，并就如何进一步推进社会治理向"智治"转变提出具体对策建议;②提出技术创新是社会治理现代化的新引擎、新动能、新路径、新起点,深入分析推进社会治理现代化面临的问题,并就如何运用技术创新手段推进社会治理能力现代化给出具体对策建议;③探讨如何利用数字经济构建新发展格局,深入剖析广东省以数字经济构建新发展格局面临的主要问题,并给出相关的对策建议。

第 2 章　相关理论基础

社会发展趋于多元化、复杂化，决策时常常伴随着许多不确定性因素，因而科学决策越来越困难。由于决策者知识、经验以及考虑问题的视角存在差异，他们给出的评价值千差万别，例如，对于相同的集合和元素，有人给出的隶属度是0.9，有人给出的隶属度是0.8，还有人给出的隶属度是0.7等。所有决策者都据理力争，各抒己见。这种情形下，可以采用Torra[4]提出的犹豫模糊集，它允许一个元素属于一个集合的隶属度有多个值。近年来，基于犹豫模糊信息的信息集成、距离测度、相关性测度等决策科学问题引起了国内外相关学者的强烈关注。第 1 章主要分析了犹豫模糊集理论与方法研究的背景、意义以及采用的研究方法和将要研究的内容。本章着重介绍犹豫模糊集相关基础理论，并简要介绍犹豫模糊决策方法的国内外研究进展。

2.1　犹豫模糊信息集成与距离测度方法研究

有关信息集成方式的研究，最基础的莫过于有序加权平均（ordered weighted averaging，OWA）算子[5, 6]。在此基础上，相关学者进行了扩展，提出了基于几何的信息集成算子：有序加权几何（ordered weighted geometric，OWG）算子[7, 8]。Yager 和 Filev[9, 10]对其再次进行了扩展，提出了广义有序加权平均（generalized ordered weighted averaging，GOWA）算子，OWA 算子和 OWG 算子均是 GOWA 算子的特例，并且考虑集成数据的诱导向量，给出了诱导有序加权平均（induced ordered weighted averaging，IOWA）算子的概念。在 GOWA 算子的基础上，相关学者引入对数和拟平均的概念，给出了广义对数有序加权平均（generalized ordered weighted logarithm averaging，GOWLA）算子和拟平均有序加权平均（quasi-arithmetic ordered weighted averaging，QOWA）算子[11-13]。Merigó 和 Gil-Lafuente[14]将 GOWA 算子、IOWA 算子以及 QOWA 算子结合，给出了一种新的诱导广义有序加权平均（induced generalized ordered weighted averaging，IGOWA）算子和拟平均诱导有序加权平均（quasi-arithmetic induced ordered weighted averaging，QIOWA）算子。针对决策值为区间值的模糊信息，Yager 和 Xu[15, 16]给出连续有序加权平均（continuous ordered weighted averaging，COWA）算子和连续有序加权几何（continuous ordered weighted geometric，COWG）算子，并将其应用于现实中的群决策问题。之后，

相关学者研究了 IOWA 算子、广义连续有序加权平均（generalized continuous ordered weighted averaging）算子、IGOWA 算子以及不确定性诱导拟平均有序加权平均（uncertain induced quasi-arithmetic ordered weighted averaging）算子[17-20]。Xu[21-25]将上述一些经典的信息集成算子推广到语言环境，提出了一系列基于语言信息的有序加权语言信息集成平均（linguistic ordered weighted averaging，LOWA）算子、有序加权语言信息集成几何（linguistic ordered weighted geometric，LOWG）算子、不确定性有序加权语言信息集成平均（uncertain linguistic ordered weighted averaging，ULOWA）算子、不确定性有序加权语言信息集成几何（uncertain linguistic ordered weighted geometric，ULOWG）算子等。Merigó 等[26]在此基础上进行推广，给出了广义诱导加权语言信息集成平均（induced linguistic generalized ordered weighted averaging，ILGOWA）算子的概念。Xu 和 Yager[27]针对直觉模糊决策信息，在传统的信息集成算子的基础上提出了直觉模糊加权平均（intuitionistic fuzzy weighted averaging，IFWA）算子、直觉模糊加权几何（intuitionistic fuzzy weighted geometric，IFWG）算子、直觉模糊有序加权平均（intuitionistic fuzzy ordered weighted averaging，IFOWA）算子和直觉模糊有序加权几何（intuitionistic fuzzy ordered weighted geometric，IFOWG）算子。Zhao 等[28]在广义信息集成算子的基础上给出了广义直觉模糊有序加权平均（generalized intuitionistic fuzzy ordered weighted averaging，GIFOWA）算子的定义。基于一些常见的模，如代数 T 模（triangular norm，又称为三角模）等[29-32]，相关学者研究了直觉模糊运算规则、直觉模糊点运算，并将平均信息集成规则引入直觉模糊集中，提出了一系列直觉模糊信息集成算子以及区间直觉模糊信息集成算子[33-37]。Wang 和 Liu[38]基于爱因斯坦模和阿基米德模给出了新的直觉模糊运算规则，其他作者也提出了一系列基于阿基米德 T 模[39-41]的信息集成方式。

　　Torra[4]提出了犹豫模糊集，它允许一个元素属于一个集合的隶属度有多个值。犹豫模糊集已经成为当前模糊理论的一个热点问题，犹豫模糊决策信息集成问题已经引起国内外学者的广泛关注。在对决策信息进行集成时，信息集成算子是一种十分有效的工具。集成算子是决策过程中不可或缺的工具，其基本含义是综合决策信息由若干个体决策信息综合集成而得出。Xia 和 Xu[5]在直觉模糊信息集成算子的基础上给出了犹豫模糊加权平均（hesitant fuzzy weighted averaging，HFWA）算子、犹豫模糊有序加权平均（hesitant fuzzy ordered weighted averaging，HFOWA）算子、犹豫模糊加权几何（hesitant fuzzy weighted geometric，HFWG）算子和犹豫模糊有序加权几何（hesitant fuzzy ordered weighted geometric，HFOWG）算子等。后来相关国内外学者将邦弗朗尼（Bonferroni）算子、诱导算子等引入犹豫模糊领域，分别给出了其相应的犹豫模糊信息集成算子[42-46]。考虑专家可信度的重要影响，Xia 等[47]针对具有可信度的犹豫模糊信息给出了一种可信度诱导犹豫模糊信息集成算子。

除了前面提到的基于一般 T 模的犹豫模糊信息集成算子，还有很多建立在更一般化 T 模（如爱因斯坦 T 模、哈马克 T 模、阿基米德 T 模[48-52]）基础上的犹豫模糊信息集成算子及区间犹豫模糊信息集成算子。根据实际决策的需要，有关学者给出了犹豫模糊集的一些其他形式，主要有典型的犹豫模糊集[53]、梯形犹豫模糊集[54]、三角形犹豫模糊集[55,56]及其对应的应用[57,58]。部分学者对犹豫模糊集进行了推广，并研究了其对应的信息集成算子。Chen 等[59]和 Wei 等[60]将区间模糊集引入犹豫模糊领域，提出了区间犹豫模糊集的概念，并在其基础上给出了区间犹豫模糊信息集成算子。Peng 等[61]研究了区间犹豫模糊决策方法，并提出了犹豫模糊连续有序信息集成算子。Zhu 等[62]给出了具有可能隶属度与非隶属度的对偶犹豫模糊集的概念，并给出了对应的比较方法。Yu 和 Li[63]将对偶犹豫模糊集进行扩展，并给出了对应的广义信息集成算子，之后给出了对偶犹豫模糊决策方法及其应用。Ju 等[64]和 Wang 等[65]将肖凯（Choquet）积分引入对偶犹豫模糊集，给出了一些相关的 Choquet 积分算子并研究了其应用范围。Rodríguez 等[66]给出了基于语言信息的犹豫模糊集的概念，主要考虑在某些备选方案中仅使用语言变量进行决策的情形。Lin 等[67,68]和 Li 等[69]基于具有语言信息的犹豫模糊集，建立了若干基于犹豫模糊语言集和犹豫模糊不确定语言集的信息集成算子。Meng 等[70]推广了犹豫模糊语言集的概念，研究了其相关的犹豫模糊语言信息集成算子。Wang 等[71]给出了区间犹豫模糊语言集的概念，并研究了占优区间犹豫模糊信息集成算子，之后给出了相关的犹豫模糊决策方法及其应用。Liu 等[72]定义了区间犹豫模糊不确定语言集，并研究了广义的区间犹豫模糊语言算子及其应用。

在大多实际问题中，集成数据之间存在某种关联关系。例如，某大学需要招聘一位高层次人才，领导层决定通过科研能力、学历背景和授课能力这三方面的成绩来综合评价该名高层次人才。一方面，领导层想给科研能力赋予较高的权重，另一方面，领导层想优先考虑学历背景和授课能力及相关能力均好的高层次人才。在这种情况下，领导层为了得到更加合理的决策结果，需要选择一种能反映数据之间关联关系的信息集成算子[73,74]。Choquet 积分[75]是这类算子中的一个，它不仅可以考虑个体集成信息的重要性，还可以考虑个体之间的各种关联关系。Yu 等[76,77]提出了犹豫模糊 Choquet 积分平均（hesitant fuzzy Choquet integral averaging，HFCIA）算子和广义犹豫模糊 Bonferroni 平均（generalized hesitant fuzzy Bonferroni mean，GHFBM）算子。Ju 等[64]和 Wang 等[65]给出了新的犹豫模糊 Choquet 积分平均算子并将其应用于对偶犹豫模糊集领域。考虑可能存在的优先级的重要影响，Torres 等[78]、Wei 等[42]、Yu 等[79]给出了若干基于犹豫模糊信息且考虑优先级的信息集成算子，并将其有效地应用于多属性决策问题中。

犹豫模糊集多属性决策中还有一种关键方法——不确定性距离测度。Xu 和 Xia[80]研究了犹豫模糊汉明距离、犹豫模糊欧几里得距离、犹豫模糊豪斯多夫距离等，并将该类距离测度灵活应用到经济管理问题中；陈秀明和刘业政[81]提出了基于多粒度和语言信息集的犹豫模糊集的概念，并给出了相应的不确定性距离测度方法。高志方等[82]和 Wei 等[83]基于区间值提出了一系列区间犹豫模糊多粒度多属性距离测度公式。Farhadinia[84]给出了区间犹豫模糊汉明距离、区间犹豫模糊欧几里得距离以及区间犹豫模糊豪斯多夫距离的测度方法及其应用。在犹豫模糊以及区间犹豫模糊距离测度中，犹豫模糊信息（含区间）元素的个数不同时，决策结果也会有差异，目前往往采取主观添加元素的方式进行决策[85]，因此，决策结果具有很大的随机性和不唯一性。为了解决这种问题，Hu 等[86]提出了犹豫度的概念，并给出了犹豫模糊（含区间）距离测度方法，但该方法太过复杂且处理方式不够全面。Zhang 和 Xu[87]提出了犹豫模糊（含区间）符号距离的定义，该方法不需要添加元素，但未考虑元素个数的影响，犹豫模糊决策结果仍然不太理想。林松等[88]给出了新的犹豫模糊（含区间）符号距离的测度公式及方法，该方法考虑的情况比较全面、合理，但提出的公式无法处理元素个数差异较小的情况，甚至出现相反的结论，处理结果仍不太完善。

2.2　权重未知的模糊评价方法研究

在多属性决策环境下，属性权重对最终决策结果起着重要作用，因而其是决策科学领域的重要内容。在多属性决策问题中，如果属性权重未知，如何根据已有的决策信息得到属性权重便十分关键。在属性权重部分未知的直觉模糊多属性决策问题中，Xu[89]首先运用直觉模糊集成算子集结原始决策数据，得出综合决策矩阵；然后由得分函数和综合决策矩阵，获取得分决策矩阵，并结合属性权重得到每个方案的综合得分；最后建立数学规划优化模型，求出每个方案得分最大化以及总体方案得分最大化下的属性权重。Park 等[90]提出了区间直觉模糊关联系数的概念，并给出了相关的直觉模糊决策方法。该方法首先运用区间直觉犹豫模糊平均算子得到综合决策矩阵，然后根据得分函数，由综合决策矩阵推导出得分决策矩阵，最后通过信息集成得出备选方案的综合得分。针对属性权重完全未知的直觉模糊决策问题，Xu[91]定义了两个直觉模糊集之间的偏差程度，并利用直觉模糊混合集成（intuitionistic fuzzy hybrid aggregation，IFHA）算子和个体直觉模糊决策矩阵得到综合直觉模糊决策矩阵，构建总体偏离程度最大的数学规划优化模型，求出最优属性权重。若权重达到专家意见的一致性程度，利用属性权重和 IFWA 算子求解方案综合决策值；若权重未达到专家意见的一致性程度，需要反复调整修正直到满足要求，再利用属性权重和 IFWA 算子求出方案综合决策值。

对于方案中属性权重未知的犹豫模糊多属性决策问题，大多数学者[92-100]仍然采用数学规划优化模型来构建基于犹豫模糊信息的属性权重确定模型。Xu[92]运用犹豫模糊混合集成（hesitant fuzzy hybrid aggregation，HFHA）算子集结决策信息并创建数学规划优化模型，解出与每个方案得分最大化相对应的属性权重，从而创建总方案得分最大化下的属性权重确定模型。Zhang 和 Wei[93, 94]把多准则妥协解排序（vlse kriterijumska optimizacija kompromisno resenje，VIKOR）方法拓展到犹豫模糊信息中，给出了对应的多属性决策方法。在逼近理想解排序方案（technique for order preference by similarity to an ideal solution，TOPSIS）的基础上，Feng 等[95]提出了一种基于 TOPSIS 的犹豫模糊决策方法。Beg 和 Rashid[96]和 Rodriguez 等[97]分别提出了一种属性值是犹豫模糊语言信息的相关决策方法。Wei 等[98]采用最大方差法来求解犹豫模糊决策方法中的最优属性权重。Ma 等[99]利用重要性重采样（sampling importance resampling，SIR）方法来处理犹豫模糊决策问题。刘小弟等[100]基于具有可信度的犹豫模糊信息给出了多个犹豫模糊关联度公式，并利用决策矩阵与方案偏好的关联度构建了一种属性权重确定模型。Xu 和 Xia[101]定义了犹豫模糊熵与犹豫模糊交叉熵，并利用熵权法构建了一种属性权重确定模型。朱丽等[102]根据决策矩阵对属性进行约简，从而确定属性权重，提出了一种基于粗糙集理论的犹豫模糊多属性决策方法。Xu 和 Zhang[103]根据每个属性下属性值的差异化程度，利用 TOPSIS 确定属性权重，并以此构建了一种犹豫模糊多属性决策方法。刘小弟等[104]利用备选方案属性值的均值、方差，根据属性之间的关联度提出了一种基于犹豫模糊信息的属性权重确定模型。吴婉莹等[105]提出了区间值对偶犹豫模糊集相关系数的定义，并利用数学规划优化模型求解部分未知的属性权重，从而提出了一种基于区间对偶犹豫模糊信息的多属性决策方法。

上述属性权重确定模型主要从方案视角和属性视角来构建。在确定属性权重时，具体考虑专家可信度和不完全属性优先级关系的研究鲜有报道。鉴于此，本书以最大限度利用专家决策信息为出发点，从考虑专家可信度和不完全属性优先级两个方面研究属性权重确定方法：充分利用专家可信度的影响，依据是否具有方案偏好研究不同情况下的属性权重确定模型；当存在不完全属性优先级时，如何对不完全属性优先级进行信息修正并以此确定属性权重是本书的研究重点。

2.3　交互式评价方法研究

一般群体决策由决策者独立进行，专家组成员之间没有信息的沟通，最终的决策结果常常难以令人满意。交互式决策方法则克服了一般群体决策的以上缺点，决策者在实施决策时充分顾及专家组成员之间的信息共享，减少了决策信息的不确定性和不对称性，能够更好地促进决策偏好的集成，实现决策一致性，得到全体成员满意度都很高的决策结果。刘鹏等[106]、徐泽水[107]、邱强等[108]研究了决策者偏好为决策矩阵的决策问题。徐泽水[107]针对两种不完全区间数判断的偏好集成,提出了一类不同不完全偏好信息的交互式决策方法。邱强等[108]提出了一类针对不完全互补决策矩阵的新交互式决策方法。徐泽水[109]研究了交互式决策中的专家动态权重及其确定方法,其过程如下,每次决策都要求权重最小的决策者重新给出决策矩阵,由此得到新一轮的决策者权重和共识度,如此下去,直到共识度满足要求,交互式决策终止,最后一轮的决策者权重便是要求的专家动态权重。Kim 等[110, 111]提出了两类交互式多属性决策方法,一类基于方案达成度和方案综合度,另一类基于拓展的 TOPSIS 和混合加权平均算子。Chen 和 Lin[112]运用扩展的 TOPSIS,设计了群体满意度等软指标,分析判别群体相同意见的达成,最后计算得到了达到群体满意度的方案排序,以此提出了一类多轮交互逐步逼近满意解的多属性决策方法。Xu 和 Chen[113]运用净偏爱强度以及一致性检验,提出了一种新的交互式群体多属性决策方法,在属性权重、决策者权重以及方案效用不确定的情况下,通过一一比较方案,确定了方案的偏爱强度区间。燕蜻和梁吉业[114]研究了多属性决策方法中的混合一致性问题。Xu[115]研究了根据有序加权距离测量群体一致性的问题。张欣莉[116]把目标满意度函数作为基础,借助于欧几里得距离创立了系统整体协调度函数,提出了一种改良的交互式多属性决策方法。周宏安[117]构造了一种方案贴近度和满意度的交互式决策方法,其中属性权重部分已知而且具有方案偏好。借助动态直觉模糊信息集成和 TOPSIS,Su 等[118]提出了一类新的交互式动态决策方法。戚筱雯等[119]、胡玉龙等[120]构造了直觉模糊决策矩阵一致性自收敛算法。Xu[121]提出了一种基于直觉模糊信息的相似度和相容度,而且将其使用于达成一致性过程的交互式决策问题中。Xu[122]为选择最佳方案,利用反复修正方案的满意度直至达到最佳满意度的思想,提出了一种基于直觉模糊信息的交互式决策方法。

上述成果是近年来交互式决策的主要研究方向,分析发现,针对犹豫模糊集的交互式决策方法目前鲜少涉及,尤其是具有属性优先级的犹豫模糊交互式决策方法。犹豫模糊集作为近年发展起来的扩展模糊集,有其显著的优越性,研究具有犹豫模糊信息的交互式决策方法是非常必要的,也是非常紧迫的。因时间所限,本书主要研究考虑可信度以及具有不完全属性优先级的交互式犹豫模糊多属性决策方法。

2.4 犹豫模糊集相关基础理论

模糊集理论是由著名控制论专家 Zadeh 教授[123]于 1965 年提出的,目前已被广泛应用于决策科学、图像处理、信息处理等领域。一般人在用口语描述事件时，常常有语义混淆不清的情况，在形容一件事情或一个人时，这种不确定性可能更加明显。以形容一个人的长相为例，"很漂亮"这个词对接收信息者就有模糊的意思，甚至与发送信息者所认知的"很漂亮"也不完全一致。模糊集用隶属函数来描述该事件与某个模糊概念之间的关系，隶属函数的取值为[0，1]，隶属度越大，隶属函数越接近1；反之，隶属函数越接近0。下面给出模糊集的概念。

定义 2.1[123]　设 X 是一个有限论域，在 X 上存在一个模糊集 F，定义如下：

$$F = \{\langle x, \mu_F(x) \rangle \mid x \in X\} \tag{2-1}$$

其中，$\mu_F(x)$ 表示一个从 X 到[0，1]的映射，对每一个 $x \in X$，$\mu_F(x)$ 称为 x 在 X 中的隶属度。

随着模糊集理论的快速发展，为了解决现实社会中出现的各种实际问题，一些扩展的模糊集应运而生，如直觉模糊集[2]、二型模糊集[124, 125]、模糊多集[126, 127]以及犹豫模糊集[4]。下面简要介绍本书涉及的犹豫模糊集的一些性质及概念。

在很多实际决策问题中存在大量的不确定性，为了解决某一评价指标同时出现不同评价值的现象，Torra[4]提出了犹豫模糊集的概念。

定义 2.2[4, 5]　若存在一个非空集合 $X = \{x_1, x_2, \cdots, x_n\}$，假设 E 满足

$$E = \{\langle x, h_E(x) \rangle \mid x \in X\} \tag{2-2}$$

则 E 即从 $X = \{x_1, x_2, \cdots, x_n\}$ 到[0，1]的一个子集的函数，称为犹豫模糊集。其中，$h_E(x)$ 表示可能隶属值的集，隶属值的取值为[0，1]。

定义 2.3[5]　假设 h 为一个非空犹豫模糊集，则称 $s(h) = \dfrac{1}{\#h} \sum_{\gamma \in h} \gamma$ 为 h 的得分函数，其中，$\#h$ 为犹豫模糊集 h 中元素的个数。假设存在两个犹豫模糊集 h_1 和 h_2，若 $s(h_1) \succ s(h_2)$，则 $h_1 \succ h_2$；若 $s(h_1) = s(h_2)$，则 $h_1 = h_2$。

根据犹豫模糊集的特性及其直觉模糊集的运算规则，Xia 和 Xu[5]给出了基于犹豫模糊集 h、h_1 和 h_2 的一些基本运算规则：

（1）$h^{\lambda} = \bigcup_{\gamma \in h} \{\gamma^{\lambda}\}$；

（2）$\lambda h = \bigcup_{\gamma \in h} \{1 - (1 - \gamma)^{\lambda}\}$；

（3）$h_1 \oplus h_2 = \bigcup_{\gamma_1 \in h_1, \gamma_2 \in h_2} \{\gamma_1 + \gamma_2 - \gamma_1 \gamma_2\}$；

（4）$h_1 \otimes h_2 = \bigcup_{\gamma_1 \in h_1, \gamma_2 \in h_2} \{\gamma_1 \gamma_2\}$。

为了研究扩展的犹豫模糊集的性质以及信息集成方式，夏梅梅[6]给出了广义犹豫模糊集 h、h_1 和 h_2 的基本运算规则：

（1）$\lambda h = \bigcup_{\gamma \in h} \{l^{-1}(\lambda l(\gamma))\}$；

（2）$h^{\lambda} = \bigcup_{\gamma \in h} \{k^{-1}(\lambda k(\gamma))\}$；

（3）$h_1 \otimes h_2 = \bigcup_{\gamma_1 \in h_1, \gamma_2 \in h_2} \{k^{-1}(k(\gamma_1) + k(\gamma_2))\}$；

（4）$h_1 \oplus h_2 = \bigcup_{\gamma_1 \in h_1, \gamma_2 \in h_2} \{ l^{-1}(l(\gamma_1) + l(\gamma_2)) \}$。

其中，$l(t) = k(1-t)$，已知加性的发生器 k 能够产生严格的阿基米德 T 模，其具体的定义为 $T(x, y) = k^{-1}(k(x) + k(y))$，$k : [0,1] \to [0,+\infty]$ 为严格递减的函数。由 $l(t) = k(1-t)$，阿基米德 S 模可表示为 $l(x, y) = l^{-1}(l(x) + l(y))$。

距离测度和相似度是模糊集理论研究的核心内容之一，在决策科学、模式识别、信息科学等领域已经得到广泛的应用，Xu 和 Xia[80, 128]给出了基于犹豫模糊信息的距离测度与相似度定义。

定义 2.4[80, 128]　设定义在 $X = \{x_1, x_2, \cdots, x_m\}$ 上的两个犹豫模糊集为 $h_1(X)$，$h_2(X)$，则距离测度 $d(h_1(X), h_2(X))$ 满足如下条件：

（1）$0 \leqslant d(h_1(X), h_2(X)) \leqslant 1$；

（2）$d(h_1(X), h_2(X)) = 0$ 当且仅当 $h_1(X) = h_2(X)$；

（3）$d(h_1(X), h_2(X)) = d(h_2(X), h_1(X))$。

定义 2.5[80, 128]　设 $h_1(X), h_2(X)$ 为定义在 $X = \{x_1, x_2, \cdots, x_m\}$ 上的两个犹豫模糊集，则相似度 $s(h_1(X), h_2(X))$ 满足如下条件：

（1）$0 \leqslant s(h_1(X), h_2(X)) \leqslant 1$；

（2）$s(h_1(X), h_2(X)) = 1$ 当且仅当 $h_1(X) = h_2(X)$；

（3）$s(h_1(X), h_2(X)) = s(h_2(X), h_1(X))$。

基于定义 2.4、定义 2.5，Xu 和 Xia[80, 128]给出犹豫模糊集的距离与相似度关系：

$$s(h_1(X), h_2(X)) = 1 - d(h_1(X), h_2(X)) \tag{2-3}$$

由于 h_1, h_2 中元素个数可能不同，为了进行有效运算，应在元素少的犹豫模糊集里添加元素直到集合中的元素个数达到 $k = \max(k_1, k_2)$，其中，k_1, k_2 分别表示犹豫模糊集 h_1, h_2 中元素个数。决策者可以根据个人偏好添加，有的决策者偏好添加集合中数值最大的元素，有的决策者偏好正好相反。假设有两个犹豫模糊集 $h_1(x) = \{0.2, 0.5, 0.6\}, h_2(x) = \{0.3, 0.4, 0.6, 0.8\}$，为便于运算，一部分决策者添加了最大元素，将 $h_1(x)$ 延伸为 $h_1(x) = \{0.2, 0.5, 0.6, 0.6\}$，另一部分决策者刚好相反，将 $h_1(x)$ 延伸为 $h_1(x) = \{0.2, 0.2, 0.5, 0.6\}$。

2.5　本章小结

本章首先回顾了已有的犹豫模糊信息集成算子，通过对已有的信息集成算子进行分析，发现现有的信息集成算子大部分是将其他领域的信息集成方法运用到犹豫模糊领域，而鲜有文献考虑专家对备选方案熟悉程度的影响，但是现实中的决策是一个复杂系统，专家可信度不容忽视。在有关优先级信息集成算子方面，已有文献仅考虑了优先级的影响，忽略了属性数据离散程度的影响，仍有进一步研究的空间。其次，在属性权重信息不完全的决策方法中，已有文献都从方案视角与属性视角来构建，具体考虑专家可信度和不完全属性优先级关系的研究还未见报道。再次，通过分析近年来交互式决策的主要研究成果，发现针对犹豫模糊集的交互式决策方法目前鲜少涉及，尤其是具有不完全属性优先级的犹豫模糊交互式决策方法。犹豫模糊集作为近年发展起来的扩展模糊集，有其显著的优越性，研究具有犹豫模糊信息的交互式决策方法是非常必要的，也是非常紧迫的。最后，简单介绍了犹豫模糊集的基础理论知识，为后面所提出的各种情形下的犹豫模糊多属性决策方法提供理论支持。

第3章 考虑可信度的犹豫模糊信息集成方法及其应用

信息集成是指将若干个体信息综合为整体信息，集成各个方案在各个属性下的决策值，因此信息集成是决策过程中必不可少的工具。信息集成在日常生活中无处不在，例如，已知一个班级内所有学生的一门课的考试成绩，老师需要计算班级的总平均成绩和学生的总成绩；又如，一个公司通过每天的利润来计算每个季度和每年的总利润。信息集成方式的选择直接影响决策的最终结果，因此如何科学合理地进行信息集成一直是国内外研究的热点问题。

目前基于犹豫模糊信息的许多信息集成算子已被提出，但是大部分集成算子的权重信息是决策者给出的，与集成数据没有任何关系，不能反映数据之间的联系，并且决策数据的可信度大多没有考虑在内。在某些情况下，由于时间紧迫、缺乏背景知识或者决策者的能力有限，不能给出完全可信的决策数据以及其对应的权重信息。基于此，Xia 和 Xu[5]提出了 HFOWA 算子和 HFOWG 算子，这些算子的特点是它们的权重仅仅依赖被集成数据的位置权重，与集成数据的离散程度和可信程度无关；考虑专家对备选决策领域熟悉程度的影响，Xia 等[47]给出了一类可信度诱导犹豫模糊加权平均（confidence induced hesitant fuzzy weighted averaging，CIHFWA）算子和可信度诱导犹豫模糊加权几何（confidence induced hesitant fuzzy weighted geometric，CIHFWG）算子，其考虑的是绝对可信度，得出的决策结果远远小于原始决策数据，容易导致失真现象。目前还没有关于相对可信度对犹豫模糊信息集成算子影响的研究，并且集成数据的离散程度直接影响着决策结果的科学性。

本章将重点研究考虑相对可信度与集成数据离散程度的犹豫模糊信息集成算子。首先，简单地介绍已有的犹豫模糊信息集成算子；其次，结合犹豫模糊数运算法则，考虑专家可信度以及被集成数据位置权重的重要性，提出相对可信度诱导犹豫模糊有序加权平均（relative confidence induced hesitant fuzzy ordered weighted averaging，RCIHFOWA）算子和相对可信度诱导犹豫模糊有序加权几何（relative confidence induced hesitant fuzzy ordered weighted geometric，RCIHFOWG）算子；最后，考虑集成数据离散程度的重要影响，提出测量数据离散程度的加权变异率的概念，在其基础上提出犹豫模糊依赖型混合平均（hesitant

fuzzy dependent hybrid averaging，HFDHA）算子和犹豫模糊依赖型混合几何
（hesitant fuzzy dependent hybrid geometric，HFDHG）算子，并给出基于该类算子
的犹豫模糊多属性决策方法。

3.1　犹豫模糊信息集成算子基础理论

3.1.1　犹豫模糊加权平均和几何算子

在经典的决策科学理论中，使用最多的就是加权平均（weighted averaging，
WA）算子与加权几何（weighted geometric，WG）算子，Xia 和 Xu[5]将 WA 算子
与 WG 算子引入犹豫模糊环境中，分别提出了 HFWA 算子与 HFWG 算子。

定义 3.1[5]　设 $h_1, h_2, \cdots, h_n$ 为一组犹豫模糊集，则

$$\text{HFWA}(h_1, h_2, \cdots, h_n) = \overset{n}{\underset{i=1}{\oplus}} w_i h_i = \bigcup_{\gamma_1 \in h_1, \gamma_2 \in h_2, \cdots, \gamma_n \in h_n} \left(1 - \prod_{i=1}^{n}(1-\gamma_i)^{w_i} \right) \quad (3\text{-}1)$$

称为 HFWA 算子。其中，$\forall \gamma_i \in h_i$，$w = (w_1, w_2, \cdots, w_n)^{\text{T}}$ 为 $h_i(i=1,2,\cdots,n)$ 所对应的
位置权重，$w_i \in [0,1], \sum_{i=1}^{n} w_i = 1$。

定义 3.2[5]　设 $h_1, h_2, \cdots, h_n$ 为一组犹豫模糊集，则

$$\text{HFWG}(h_1, h_2, \cdots, h_n) = \overset{n}{\underset{i=1}{\otimes}} h_i^{w_i} = \bigcup_{\gamma_1 \in h_1, \gamma_2 \in h_2, \cdots, \gamma_n \in h_n} \left(\prod_{i=1}^{n}(\gamma_i)^{w_i} \right) \quad (3\text{-}2)$$

称为 HFWG 算子。其中，$\forall \gamma_i \in h_i$，$w = (w_1, w_2, \cdots, w_n)^{\text{T}}$ 为 $h_i(i=1,2,\cdots,n)$ 所对应的
位置权重，$w_i \in [0,1], \sum_{i=1}^{n} w_i = 1$。

3.1.2　犹豫模糊有序加权平均和几何算子

OWA 算子和 OWG 算子的特点就是对集合内的元素按照大小顺序排列并加权
集成，位置权重 w_i 只与第 i 个位置有关联。

定义 3.3[5]　设 $h_1, h_2, \cdots, h_n$ 为一组犹豫模糊集，设 HFOWA：$\Omega_n \to \Omega$，则

$$\text{HFOWA}(h_1, h_2, \cdots, h_n) = \overset{n}{\underset{j=1}{\oplus}} w_j h_{\sigma(j)}$$

$$= \bigcup_{\gamma_{\sigma(1)} \in h_{\sigma(1)}, \gamma_{\sigma(2)} \in h_{\sigma(2)}, \cdots, \gamma_{\sigma(n)} \in h_{\sigma(n)}} \left(1 - \prod_{j=1}^{n}(1-\gamma_{\sigma(j)})^{w_j} \right)$$

$$(3\text{-}3)$$

称为 HFOWA 算子。其中，$w = (w_1, w_2, \cdots, w_n)^T$ 为与 HFOWA 算子相关联的位置权重，$w_j \in [0,1], \sum\limits_{j=1}^{n} w_j = 1$，且 $h_{\sigma(j)}$ 为犹豫模糊数 $h_j (j = 1, 2, \cdots, n)$ 中第 j 大的元素，$(\sigma(1), \sigma(2), \cdots, \sigma(n))$ 为 $(1, 2, \cdots, n)$ 的一个置换，对任意的 j，满足 $h_{\sigma(j-1)} \geqslant h_{\sigma(j)}$。

定义 3.4[5]　设 $h_1, h_2, \cdots, h_n$ 为一组犹豫模糊集，设 HFOWG：$\Omega_n \to \Omega$，则

$$\text{HFOWG}(h_1, h_2, \cdots, h_n) = \overset{n}{\underset{j=1}{\oplus}} h_{\sigma(j)}^{w_j}$$

$$= \bigcup_{\gamma_{\sigma(1)} \in h_{\sigma(1)}, \gamma_{\sigma(2)} \in h_{\sigma(2)}, \cdots, \gamma_{\sigma(n)} \in h_{\sigma(n)}} \left(\prod_{j=1}^{n} \left(\gamma_{\sigma(j)} \right)^{w_j} \right) \quad (3\text{-}4)$$

称为 HFOWG 算子。其中，$w = (w_1, w_2, \cdots, w_n)^T$ 为与 HFOWG 算子相关联的位置权重，$w_j \in [0,1], \sum\limits_{j=1}^{n} w_j = 1$，且 $h_{\sigma(j)}$ 为犹豫模糊数 $h_j (j = 1, 2, \cdots, n)$ 中第 j 大的元素，$(\sigma(1), \sigma(2), \cdots, \sigma(n))$ 为 $(1, 2, \cdots, n)$ 的一个置换，对任意的 j，满足 $h_{\sigma(j-1)} \geqslant h_{\sigma(j)}$。

从原理上来看，有序加权算子中权重即位置权重，与属性权重确定方法相似，可根据具体问题选择适合的方法。例如，去掉两端评价值的决策方法，即去掉最高分与最低分。另外，还有一种基于正态分布的方法，其特征是将评价两端的数据给予较小的权重。然而，该类算子仅与位置有关，与决策数据无关，而且大多数情况下并没有考虑评判专家可信度的影响。

3.1.3　考虑可信度的犹豫模糊信息集成算子

随着社会的快速发展，社会分工越来越精细，因而在现实的多属性决策中，为了获得合理、可信的决策数据，通常需要考虑专家组成员对该领域的熟知程度，本书用可信度来表示专家组成员对备选决策对象的熟悉程度[100]。目前很少有人在信息集成算子中考虑专家对备选决策领域熟悉程度的影响，有关考虑可信度的犹豫模糊信息集成方式的研究文献较少，仅有 Xia 等[47]给出一类可信度诱导犹豫模糊加权算子。

定义 3.5[47]　设 $h_1, h_2, \cdots, h_n$ 为一组犹豫模糊集，则

$$\text{CIHFWA}(h_1, h_2, \cdots, h_n) = \overset{n}{\underset{i=1}{\oplus}} w_i (l_i h_i)$$

$$= \bigcup_{\gamma_1 \in h_1, \gamma_2 \in h_2, \cdots, \gamma_n \in h_n} \left(1 - \prod_{i=1}^{n} (1 - (l_i \gamma_i))^{w_i} \right) \quad (3\text{-}5)$$

称为 CIHFWA 算子。其中，$l_i \in [0,1]$ 为 $h_i (i = 1, 2, \cdots, n)$ 所对应的专家可信度，$\forall \gamma_i \in h_i$，$w = (w_1, w_2, \cdots, w_n)^T$ 为 $h_i (i = 1, 2, \cdots, n)$ 所对应的位置权重，$w_i \in [0,1], \sum\limits_{i=1}^{n} w_i = 1$。

当所有可信度 $l_i = 1$ 时，CIHFWA 算子退化为 HFWA 算子：

$$\text{HFWA}(h_1, h_2, \cdots, h_n) = \overset{n}{\underset{i=1}{\oplus}} w_i h_i = \bigcup_{\gamma_1 \in h_1, \gamma_2 \in h_2, \cdots, \gamma_n \in h_n} \left(1 - \prod_{i=1}^{n} (1 - \gamma_i)^{w_i} \right)$$

定义 3.6[47]   设 $h_1, h_2, \cdots, h_n$ 为一组犹豫模糊集，则

$$\text{CIHFWG}(h_1, h_2, \cdots, h_n) = \overset{n}{\underset{i=1}{\otimes}} (l_i h_i)^{w_i}$$

$$= \bigcup_{\gamma_1 \in h_1, \gamma_2 \in h_2, \cdots, \gamma_n \in h_n} \left(\prod_{i=1}^{n} (l_i \gamma_i)^{w_i} \right) \qquad (3\text{-}6)$$

称为 CIHFWG 算子。其中，$l_i \in [0,1]$ 为 $h_i (i = 1, 2, \cdots, n)$ 所对应的专家可信度，$\forall \gamma_i \in h_i$，$w = (w_1, w_2, \cdots, w_n)^{\text{T}}$ 为 $h_i (i = 1, 2, \cdots, n)$ 所对应的位置权重，$w_i \in [0,1], \sum_{i=1}^{n} w_i = 1$。

当所有可信度 $l_i = 1$ 时，CIHFWG 算子退化为 HFWG 算子：

$$\text{HFWG}(h_1, h_2, \cdots, h_n) = \overset{n}{\underset{i=1}{\otimes}} h_i^{w_i} = \bigcup_{\gamma_1 \in h_1, \gamma_2 \in h_2, \cdots, \gamma_n \in h_n} \left(\prod_{i=1}^{n} (\gamma_i)^{w_i} \right)$$

定义 3.7[47]   设 $h_1, h_2, \cdots, h_n$ 为一组犹豫模糊集，设 CIHFOWA：$\Omega_n \to \Omega$，则

$$\text{CIHFOWA}(h_1, h_2, \cdots, h_n) = \overset{n}{\underset{j=1}{\oplus}} w_j (l_{\sigma(j)} h_{\sigma(j)})$$

$$= \bigcup_{\gamma_{\sigma(1)} \in h_{\sigma(1)}, \gamma_{\sigma(2)} \in h_{\sigma(2)}, \cdots, \gamma_{\sigma(n)} \in h_{\sigma(n)}} \left(1 - \prod_{j=1}^{n} (1 - (l_{\sigma(j)} \gamma_{\sigma(j)}))^{w_j} \right)$$

$$(3\text{-}7)$$

称为可信度诱导犹豫模糊有序加权平均（confidence induced hesitant fuzzy ordered weighted averaging，CIHFOWA）算子。其中，$w = (w_1, w_2, \cdots, w_n)^{\text{T}}$ 为与 CIHFOWA 算子相关联的位置权重，$w_j \in [0,1], \sum_{j=1}^{n} w_j = 1$，且 $h_{\sigma(j)}$ 为犹豫模糊数 $h_j (j = 1, 2, \cdots, n)$ 中第 j 大的元素，$l_{\sigma(j)} \in [0,1]$ 为 $h_{\sigma(j)}$ 所对应的专家可信度，$(\sigma(1), \sigma(2), \cdots, \sigma(n))$ 为 $(1, 2, \cdots, n)$ 的一个置换，对任意的 j，满足 $h_{\sigma(j-1)} \geqslant h_{\sigma(j)}$。

定义 3.8[47]   设 $h_1, h_2, \cdots, h_n$ 为一组犹豫模糊集，设 CIHFOWG：$\Omega_n \to \Omega$，则

$$\text{CIHFOWG}(h_1, h_2, \cdots, h_n) = \overset{n}{\underset{j=1}{\oplus}} (l_{\sigma(j)} h_{\sigma(j)})^{w_j}$$

$$= \bigcup_{\gamma_{\sigma(1)} \in h_{\sigma(1)}, \gamma_{\sigma(2)} \in h_{\sigma(2)}, \cdots, \gamma_{\sigma(n)} \in h_{\sigma(n)}} \left(\prod_{j=1}^{n} (l_{\sigma(j)} \gamma_{\sigma(j)})^{w_j} \right) \qquad (3\text{-}8)$$

称为可信度诱导犹豫模糊有序加权几何（confidence induced hesitant fuzzy ordered weighted geometric，CIHFOWG）算子。其中，$w = (w_1, w_2, \cdots, w_n)^{\text{T}}$ 为与 CIHFOWG

算子相关联的位置权重，$w_j \in [0,1], \sum_{j=1}^{n} w_j = 1$，且 $h_{\sigma(j)}$ 为犹豫模糊数 $h_j(j=1,2,\cdots,n)$ 中第 j 大的元素，$l_{\sigma(j)} \in [0,1]$ 为 $h_{\sigma(j)}$ 所对应的专家可信度，$(\sigma(1),\sigma(2),\cdots,\sigma(n))$ 为 $(1,2,\cdots,n)$ 的一个置换，对任意的 j，满足 $h_{\sigma(j-1)} \geqslant h_{\sigma(j)}$。

3.1.4　考虑优先级的犹豫模糊信息集成算子

考虑优先级的影响，Wei[42]在优先级平均（prioritized aggregation，PA）[129]算子的基础上提出了犹豫模糊优先级加权平均（hesitant fuzzy prioritized weighted averaging，HFPWA）算子以及犹豫模糊优先级加权几何（hesitant fuzzy prioritized weighted geometric，HFPWG）算子，定义如下。

定义 3.9[42]　设一组犹豫模糊数 $h_j(j=1,2,\cdots,n)$，则 HFPWA 算子定义如下：

$$
\begin{aligned}
\mathrm{HFPWA}(h_1,h_2,\cdots,h_n) &= \frac{T_1}{\sum_{j=1}^{n} T_j} h_1 \oplus \frac{T_2}{\sum_{j=1}^{n} T_j} h_2 \oplus \cdots \oplus \frac{T_n}{\sum_{j=1}^{n} T_j} h_n \\
&= \bigoplus_{j=1}^{n} \left(\frac{T_j h_j}{\sum_{j=1}^{n} T_j} \right)
\end{aligned}
\tag{3-9}
$$

其中，$T_j = \prod_{k=1}^{j-1} s(h_k)(j=2,3,\cdots,n)$，$T_1 = 1$，$s(h_k)$ 为 h_k 的得分函数。

定义 3.10[42]　设一组犹豫模糊数 $h_j(j=1,2,\cdots,n)$，则 HFPWG 算子定义如下：

$$
\begin{aligned}
\mathrm{HFPWG}(h_1,h_2,\cdots,h_n) &= h_1^{\frac{T_1}{\sum_{j=1}^{n} T_j}} \otimes h_2^{\frac{T_2}{\sum_{j=1}^{n} T_j}} \otimes \cdots \otimes h_n^{\frac{T_n}{\sum_{j=1}^{n} T_j}} \\
&= \bigotimes_{j=1}^{n} \left(h_j^{\frac{T_j}{\sum_{j=1}^{n} T_j}} \right)
\end{aligned}
\tag{3-10}
$$

其中，$T_j = \prod_{k=1}^{j-1} s(h_k)(j=2,3,\cdots,n)$，$T_1 = 1$，$s(h_k)$ 为 h_k 的得分函数。

Yu 等[79]在其基础上给出了一类广义的考虑优先级的犹豫模糊加权平均（generalized hesitant fuzzy prioritized weighted averaging，GHFPWA）算子和广义的考虑优先级的犹豫模糊加权几何（generalized hesitant fuzzy prioritized weighted geometric，GHFPWG）算子，定义如下。

定义 3.11[79]　设一组犹豫模糊数 $h_j(j=1,2,\cdots,n)$，则 GHFPWA 算子定义如下：

$$\text{GHFPWA}(h_1, h_2, \cdots, h_n) = \frac{T_1}{\sum\limits_{j=1}^{n} T_j} h_1 \oplus \frac{T_2}{\sum\limits_{j=1}^{n} T_j} h_2 \oplus \cdots \oplus \frac{T_n}{\sum\limits_{j=1}^{n} T_j} h_n$$

$$= \bigoplus_{j=1}^{n} \left(\frac{T_j h_j}{\sum\limits_{j=1}^{n} T_j} \right)$$

(3-11)

其中，$T_j = \prod\limits_{k=1}^{j-1} s(h_k)(j=2,3,\cdots,n)$，$T_1 = 1$，$s(h_k)$ 为 h_k 的得分函数。

定义 3.12[79] 设一组犹豫模糊数 $h_j(j=1,2,\cdots,n)$，则 GHFPWG 算子定义如下：

$$\text{GHFPWG}(h_1, h_2, \cdots, h_n) = h_1^{\frac{T_1}{\sum\limits_{j=1}^{n} T_j}} \otimes h_2^{\frac{T_2}{\sum\limits_{j=1}^{n} T_j}} \otimes \cdots \otimes h_n^{\frac{T_n}{\sum\limits_{j=1}^{n} T_j}}$$

$$= \bigotimes_{j=1}^{n} \left(h_j^{\frac{T_j}{\sum\limits_{j=1}^{n} T_j}} \right)$$

(3-12)

其中，$T_j = \prod\limits_{k=1}^{j-1} s(h_k)(j=2,3,\cdots,n)$，$T_1 = 1$，$s(h_k)$ 为 h_k 的得分函数。

回顾这些相关的常见信息集成算子后，本书将从不同角度研究考虑相对可信度以及属性优先级的信息集成方式。

3.2 相对可信度诱导犹豫模糊有序加权平均算子及其应用

考虑专家熟悉程度的重要性，Xia 等[47]给出一类可信度诱导犹豫模糊集成加权算子，但考虑的是绝对可信度，目前的研究文献中还没有学者针对基于相对可信度的犹豫模糊信息集成方式进行研究，本书提出一类考虑相对可信度的犹豫模糊集成加权算子。

3.2.1 相对可信度诱导犹豫模糊有序加权平均算子

定义 3.13 设一组犹豫模糊数 $h_1, h_2, \cdots, h_n$，设 RCIHFOWA：$\Omega_n \to \Omega$，若

$$\text{RCIHFOWA}(h_1, h_2, \cdots, h_n) = \bigoplus_{j=1}^{n} Z_j h_{\sigma(j)}$$

(3-13)

其中，$Z = (Z_1, Z_2, \cdots, Z_n)^T$ 为与 RCIHFOWA 算子相关联的权重，定义如下：

$$Z_j = \frac{w_j \times y_j}{\sum_{j=1}^{n} w_j \times y_j} (j = 1, 2, \cdots, n) \tag{3-14}$$

其中，y_j 为可信度系数，$y_j = \dfrac{l_j}{\sum_{j=1}^{n} l_j}$，$l_j$ 为可信度且 $0 \leqslant l_j \leqslant 1$，$h_{\sigma(j)}$ 为犹豫模糊

数 $h_j (j = 1, 2, \cdots, n)$ 中的第 j 大的元素，w_j 为 $h_{\sigma(j)}$ 的位置权重，并且 $(\sigma(1), \sigma(2), \cdots, \sigma(n))$ 为 $(1, 2, \cdots, n)$ 的一个置换，对任意的 j，满足 $h_{\sigma(j-1)} \geqslant h_{\sigma(j)}$，则称 RCIHFOWA 算子为相对可信度诱导犹豫模糊有序加权平均算子。

定义 3.14 对任意的 $i, j = 1, 2, \cdots, n$，若 $w_i = w_j = \dfrac{1}{n}$，那么由式（3-14）决定的权重转变为 y_j，则 RCIHFOWA 算子退化为

$$\begin{aligned} \mathrm{RCIHFOWA}(h_1, h_2, \cdots, h_n) &= \overset{n}{\underset{j=1}{\oplus}} Z_j h_{\sigma(j)} = \overset{n}{\underset{j=1}{\oplus}} y_j h_{\sigma(j)} \\ &= \mathrm{RCIHFA}(h_1, h_2, \cdots, h_n) \end{aligned} \tag{3-15}$$

称 RCIHFA 算子为相对可信度诱导犹豫模糊平均（relative confidence induced hesitant fuzzy averaging，RCIHFA）算子。

特别地，对任意的 $i, j = 1, 2, \cdots, n$，存在情况 3.1 和情况 3.2。

情况 3.1 若 $l_i = l_j = 1$，那么由式（3-14）决定的权重转变为 w_j，则 RCIHFOWA 算子退化为 HFOWA 算子：

$$\begin{aligned} \mathrm{RCIHFOWA}(h_1, h_2, \cdots, h_n) &= \overset{n}{\underset{j=1}{\oplus}} Z_j h_{\sigma(j)} = \overset{n}{\underset{j=1}{\oplus}} w_j h_{\sigma(j)} \\ &= \mathrm{HFOWA}(h_1, h_2, \cdots, h_n) \end{aligned} \tag{3-16}$$

情况 3.2 若 $l_i = l_j = 1$，同时满足 $w_i = w_j = \dfrac{1}{n}$，那么由式（3-14）决定的权重转变为 $Z_j = \dfrac{1}{n} (j = 1, 2, \cdots, n)$，则 RCIHFOWA 算子退化为 HFWA 算子：

$$\begin{aligned} \mathrm{RCIHFOWA}(h_1, h_2, \cdots, h_n) &= \overset{n}{\underset{j=1}{\oplus}} Z_j h_{\sigma(j)} = \overset{n}{\underset{j=1}{\oplus}} \frac{1}{n} h_{\sigma(j)} \\ &= \mathrm{HFWA}(h_1, h_2, \cdots, h_n) \end{aligned} \tag{3-17}$$

由 RCIHFOWA 算子的定义可知：其权重与专家可信度以及犹豫模糊数的位置权重相关，其权重大小依赖于被集结的犹豫模糊数的可信度与犹豫模糊数位置权重的乘积，突出了权重与数据的位置以及可信度之间的联系性。

通过证明，我们可以得到如下定理。

定理 3.1 设一组犹豫模糊数 $h_j (j = 1, 2, \cdots, n)$，则

$$\text{RCIHFOWA}(h_1, h_2, \cdots, h_n) = \overset{n}{\underset{j=1}{\oplus}} Z_j h_{\sigma(j)}$$

$$= \bigcup_{\gamma_{\sigma(j)} \in h_{\sigma(j)}} \left(1 - \prod_{j=1}^{n} (1 - \gamma_{\sigma(j)})^{Z_j} \right) \tag{3-18}$$

其中，$Z_j = \dfrac{w_j \times y_j}{\sum\limits_{j=1}^{n} w_j \times y_j} (j = 1, 2, \cdots, n)$ 为与 RCIHFOWA 算子相关联的权重，y_j 为可

信度系数，$y_j = \dfrac{l_j}{\sum\limits_{j=1}^{n} l_j}$，$l_j$ 为可信度且 $0 \leqslant l_j \leqslant 1$，$h_{\sigma(j)}$ 为犹豫模糊数 $h_j (j = 1, 2, \cdots, n)$

中的第 j 大的元素，w_j 为 $h_{\sigma(j)}$ 的位置权重，并且 $(\sigma(1), \sigma(2), \cdots, \sigma(n))$ 为 $(1, 2, \cdots, n)$ 的一个置换，对任意的 j，满足 $h_{\sigma(j-1)} \geqslant h_{\sigma(j)}$。

证明　当 $n = 2$ 时，由 $Z_j h_{\sigma(j)} = \bigcup_{\gamma_{\sigma(j)} \in h_{\sigma(j)}} (1 - (1 - \gamma_{\sigma(j)})^{Z_j})$，可得

$$\text{RCIHFOWA}(h_{\sigma(1)}, h_{\sigma(2)}) = Z_1 h_{\sigma(1)} \oplus Z_2 h_{\sigma(2)}$$

$$= \bigcup_{\gamma_{\sigma(1)} \in h_{\sigma(1)}, \gamma_{\sigma(2)} \in h_{\sigma(2)}} \left\{ \begin{array}{l} (1 - (1 - \gamma_{\sigma(1)})^{Z_1}) + (1 - (1 - \gamma_{\sigma(2)})^{Z_2}) \\ -(1 - (1 - \gamma_{\sigma(1)})^{Z_1})(1 - (1 - \gamma_{\sigma(2)})^{Z_2}) \end{array} \right\}$$

$$= \bigcup_{\gamma_{\sigma(1)} \in h_{\sigma(1)}, \gamma_{\sigma(2)} \in h_{\sigma(2)}} \{ 1 - (1 - \gamma_{\sigma(1)})^{Z_1} (1 - \gamma_{\sigma(2)})^{Z_2} \}$$

即当 $n = 2$ 时，原式成立。

若当 $n = k$ 时，原式成立，即

$$\text{RCIHFOWA}(h_1, h_2, \cdots, h_k) = \bigcup_{\gamma_{\sigma(j)} \in h_{\sigma(j)}} \left(1 - \prod_{j=1}^{k} (1 - \gamma_{\sigma(j)})^{Z_j} \right)$$

则当 $n = k + 1$ 时

$$\text{RCIHFOWA}(h_1, h_2, \cdots, h_{k+1}) = \bigcup_{\gamma_{\sigma(j)} \in h_{\sigma(j)}} \left(1 - \prod_{j=1}^{k} (1 - \gamma_{\sigma(j)})^{Z_j} \right) \oplus Z_{k+1} h_{k+1}$$

$$= \bigcup_{\gamma_{\sigma(j)} \in h_{\sigma(j)}} \left(1 - \prod_{j=1}^{k} (1 - \gamma_{\sigma(j)})^{Z_j} \right)$$

$$\oplus \bigcup_{\gamma_{k+1} \in h_{k+1}} (1 - (1 - \gamma_{k+1})^{Z_{k+1}})$$

$$= \bigcup_{\gamma_{\sigma(j)} \in h_{\sigma(j)}} \left(1 - \prod_{j=1}^{k+1} (1 - \gamma_{\sigma(j)})^{Z_j} \right)$$

即当 $n = k + 1$ 时，原式仍成立，则原式对任意的 n 都成立。

证毕。

RCIHFOWA 算子还具有下列良好的性质[130]。

定理 3.2　设犹豫模糊集 $h_1, h_2, \cdots, h_n$，则
$$\text{RCIHFOWA}(h_1, h_2, \cdots, h_n) = \text{RCIHFOWA}(h_1', h_2', \cdots, h_n') \qquad (3\text{-}19)$$
其中，$(h_1', h_2', \cdots, h_n')$ 为 $(h_1, h_2, \cdots, h_n)$ 的任一置换。

证明　设
$$\text{RCIHFOWA}(h_1, h_2, \cdots, h_n) = \overset{n}{\underset{j=1}{\oplus}} Z_j h_{\sigma(j)} \quad \text{RCIHFOWA}(h_1', h_2', \cdots, h_n') = \overset{n}{\underset{j=1}{\oplus}} Z_j h_{\sigma(j)}'$$
由于 $(h_1', h_2', \cdots, h_n')$ 为 $(h_1, h_2, \cdots, h_n)$ 的任一置换，则有
$$\overset{n}{\underset{j=1}{\oplus}} Z_j h_{\sigma(j)} = \overset{n}{\underset{j=1}{\oplus}} Z_j h_{\sigma(j)}'$$
从而 $\text{RCIHFOWA}(h_1, h_2, \cdots, h_n) = \text{RCIHFOWA}(h_1', h_2', \cdots, h_n')$。

证毕。

定理 3.3　若所有犹豫模糊数满足 $h_1 = h_2 = \cdots = h_n = h^*$，则有
$$\text{RCIHFOWA}(h_1, h_2, \cdots, h_n) = h^* \qquad (3\text{-}20)$$

证明　由于对于任意 $j = 1, 2, \cdots, n$，有 $h_j = h^*$，且 $Z_j = \dfrac{1}{n}$，则
$$\text{RCIHFOWA}(h_1, h_2, \cdots, h_n) = \overset{n}{\underset{j=1}{\oplus}} Z_j h_{\sigma(j)} = \overset{n}{\underset{j=1}{\oplus}} Z_j h^* = h^*$$
因此，幂等性成立。

证毕。

定理 3.4　设犹豫模糊集 $h_1, h_2, \cdots, h_n$，则
$$\min(h_1, h_2, \cdots, h_n) \leqslant \text{RCIHFOWA}(h_1, h_2, \cdots, h_n) \leqslant \max(h_1, h_2, \cdots, h_n) \qquad (3\text{-}21)$$

证明　设 $a = \min(h_1, h_2, \cdots, h_n), b = \max(h_1, h_2, \cdots, h_n)$，因 $a \leqslant h_j \leqslant b$，则
$$\overset{n}{\underset{j=1}{\oplus}} Z_j a \leqslant \overset{n}{\underset{j=1}{\oplus}} Z_j h_{\sigma(j)} \leqslant \overset{n}{\underset{j=1}{\oplus}} Z_j b$$
即
$$a \leqslant \overset{n}{\underset{j=1}{\oplus}} Z_j h_{\sigma(j)} \leqslant b$$
因此，有界性成立。

证毕。

定理 3.5　设一组犹豫模糊数 $h_j (j = 1, 2, \cdots, n)$，若 $r > 0$，则
$$\text{RCIHFOWA}(rh_1, rh_2, \cdots, rh_n) = r\text{RCIHFOWA}(h_1, h_2, \cdots, h_n) \qquad (3\text{-}22)$$

证明　由犹豫模糊数运算规则可知
$$rh_j = \bigcup_{\gamma_j \in h_j} (1 - (1 - \gamma_j)^r)$$
由定理 3.1 可得

$$\text{RCIHFOWA}(rh_1, rh_2, \cdots, rh_n) = \bigcup_{\gamma_{\sigma(j)} \in h_{\sigma(j)}} \left(1 - \prod_{j=1}^{n} ((1 - \gamma_{\sigma(j)})^r)^{Z_j} \right)$$

$$= \bigcup_{\gamma_{\sigma(j)} \in h_{\sigma(j)}} \left(1 - \prod_{j=1}^{n} (1 - \gamma_{\sigma(j)})^{rZ_j} \right)$$

$$r\text{RCIHFOWA}(h_1, h_2, \cdots, h_n) = \bigcup_{\gamma_{\sigma(j)} \in h_{\sigma(j)}} \left(1 - \prod_{j=1}^{n} ((1 - \gamma_{\sigma(j)})^{Z_j})^r \right)$$

$$= \bigcup_{\gamma_{\sigma(j)} \in h_{\sigma(j)}} \left(1 - \prod_{j=1}^{n} (1 - \gamma_{\sigma(j)})^{rZ_j} \right)$$

证毕。

定理 3.6 设一组犹豫模糊数 $h_j (j = 1, 2, \cdots, n)$，若 f 为一犹豫模糊数，ε 为 f 中的元素，则

$$\text{RCIHFOWA}(h_1 \oplus f, h_2 \oplus f, \cdots, h_n \oplus f) = \text{RCIHFOWA}(h_1, h_2, \cdots, h_n) \oplus f$$

$$(3\text{-}23)$$

证明 由犹豫模糊数运算规则可知

$$h_j \oplus f = \bigcup_{\gamma_j \in h_j, \varepsilon \in f} (\gamma_j + \varepsilon - \varepsilon\gamma_j) = \bigcup_{\gamma_j \in h_j, \varepsilon \in f} (1 - (1 - \gamma_j)(1 - \varepsilon))$$

由定理 3.1 可得

$$\text{RCIHFOWA}(h_1 \oplus f, h_2 \oplus f, \cdots, h_n \oplus f) = \bigcup_{\gamma_{\sigma(j)} \in h_{\sigma(j)}, \varepsilon \in f} \left(1 - \prod_{j=1}^{n} ((1 - \gamma_{\sigma(j)})(1 - \varepsilon))^{Z_j} \right)$$

$$= \bigcup_{\gamma_{\sigma(j)} \in h_{\sigma(j)}, \varepsilon \in f} \left(1 - (1 - \varepsilon)^{\sum_{j=1}^{n} Z_j} \prod_{j=1}^{n} (1 - \gamma_{\sigma(j)})^{Z_j} \right)$$

$$= \bigcup_{\gamma_{\sigma(j)} \in h_{\sigma(j)}, \varepsilon \in f} \left(1 - (1 - \varepsilon) \prod_{j=1}^{n} (1 - \gamma_{\sigma(j)})^{Z_j} \right)$$

利用犹豫模糊数运算规则，可推理得

$$\text{RCIHFOWA}(h_1, h_2, \cdots, h_n) \oplus f = \bigcup_{\gamma_{\sigma(j)} \in h_{\sigma(j)}} \left(1 - \prod_{j=1}^{n} (1 - \gamma_{\sigma(j)})^{Z_j} \right) \oplus \bigcup_{\varepsilon \in f} \{\varepsilon\}$$

$$= \bigcup_{\gamma_{\sigma(j)} \in h_{\sigma(j)}, \varepsilon \in f} \left(1 - (1 - \varepsilon) \prod_{j=1}^{n} (1 - \gamma_{\sigma(j)})^{Z_j} \right)$$

证毕。

由定理 3.5 与定理 3.6，可以推理得到定理 3.7。

定理 3.7 设一组犹豫模糊数 $h_j (j = 1, 2, \cdots, n)$，若 $r > 0$，f 为一犹豫模糊数，则

$$\text{RCIHFOWA}(rh_1 \oplus f, rh_2 \oplus f, \cdots, rh_n \oplus f) = r\text{RCIHFOWA}(h_1, h_2, \cdots, h_n) \oplus f$$

$$(3\text{-}24)$$

定理 3.8 设两组犹豫模糊数 $h_j(j=1,2,\cdots,n)$，$f_j(j=1,2,\cdots,n)$，则

$$\text{RCIHFOWA}(h_1 \oplus f_1, h_2 \oplus f_2, \cdots, h_n \oplus f_n) = \text{RCIHFOWA}(h_1, h_2, \cdots, h_n)$$
$$\oplus \text{RCIHFOWA}(f_1, f_2, \cdots, f_n)$$

$$(3\text{-}25)$$

证明 由犹豫模糊数运算规则可知

$$h_j \oplus f_j = \bigcup_{\gamma_j \in h_j, \varepsilon_j \in f_j} (\gamma_j + \varepsilon_j - \varepsilon_j \gamma_j) = \bigcup_{\gamma_j \in h_j, \varepsilon_j \in f_j} (1 - (1 - \gamma_j)(1 - \varepsilon_j))$$

则

$$\text{RCIHFOWA}(h_1 \oplus f_1, h_2 \oplus f_2, \cdots, h_n \oplus f_n)$$

$$= \bigcup_{\gamma_{\sigma(j)} \in h_{\sigma(j)}, \varepsilon_j \in f_j} \left(1 - \prod_{j=1}^{n} ((1 - \gamma_{\sigma(j)})(1 - \varepsilon_j))^{Z_j} \right)$$

$$= \bigcup_{\gamma_{\sigma(j)} \in h_{\sigma(j)}, \varepsilon_j \in f_j} \left(1 - \prod_{j=1}^{n} (1 - \varepsilon_j)^{Z_j} \prod_{j=1}^{n} (1 - \gamma_{\sigma(j)})^{Z_j} \right)$$

由定理 3.1 可知

$$\text{RCIHFOWA}(h_1, h_2, \cdots, h_n) \oplus \text{RCIHFOWA}(f_1, f_2, \cdots, f_n)$$

$$= \bigcup_{\gamma_{\sigma(j)} \in h_{\sigma(j)}} \left(1 - \prod_{j=1}^{n} (1 - \gamma_{\sigma(j)})^{Z_j} \right) \oplus \bigcup_{\varepsilon_j \in f_j} \left(1 - \prod_{j=1}^{n} (1 - \varepsilon_j)^{Z_j} \right)$$

$$= \bigcup_{\gamma_{\sigma(j)} \in h_{\sigma(j)}, \varepsilon_j \in f_j} \left\{ \left(1 - \prod_{j=1}^{n} (1 - \gamma_{\sigma(j)})^{Z_j} \right) + \left(1 - \prod_{j=1}^{n} (1 - \varepsilon_j)^{Z_j} \right) - \left(1 - \prod_{j=1}^{n} (1 - \gamma_{\sigma(j)})^{Z_j} \right) \left(1 - \prod_{j=1}^{n} (1 - \varepsilon_j)^{Z_j} \right) \right\}$$

$$= \bigcup_{\gamma_{\sigma(j)} \in h_{\sigma(j)}, \varepsilon_j \in f_j} \left\{ 1 - \prod_{j=1}^{n} (1 - \gamma_{\sigma(j)})^{Z_j} \prod_{j=1}^{n} (1 - \varepsilon_j)^{Z_j} \right\}$$

证毕。

3.2.2 相对可信度诱导犹豫模糊有序加权几何算子

基于 RCIHFOWA 集成算子以及几何平均算法，可以定义 RCIHFOWG 算子。

定义 3.15 设犹豫模糊数 $h_1, h_2, \cdots, h_n$，设 RCIHFOWG：$\Omega_n \to \Omega$，若

$$\text{RCIHFOWG}(h_1, h_2, \cdots, h_n) = \bigotimes_{j=1}^{n} h_{\sigma(j)}^{Z_j}$$

$$(3\text{-}26)$$

其中，$Z = (Z_1, Z_2, \cdots, Z_n)^{\text{T}}$ 为与 RCIHFOWG 算子相关联的权重，定义如下：

$$Z_j = \frac{w_j \times y_j}{\sum_{j=1}^{n} w_j \times y_j} (j=1,2,\cdots,n)$$

其中，y_j 为可信度系数，$y_j = \dfrac{l_j}{\sum\limits_{j=1}^{n} l_j}$，$l_j$ 为可信度且 $0 \leqslant l_j \leqslant 1$，$h_{\sigma(j)}$ 为犹豫模糊数

$h_j(j=1,2,\cdots,n)$ 中的第 j 大的元素，w_j 为 $h_{\sigma(j)}$ 的位置权重，并且 $(\sigma(1),\sigma(2),\cdots,\sigma(n))$ 为 $(1,2,\cdots,n)$ 的一个置换，对任意的 j，满足 $h_{\sigma(j-1)} \geqslant h_{\sigma(j)}$，则称 RCIHFOWG 为相对可信度诱导犹豫模糊有序加权几何算子。

定义 3.16　对任意的 $i,j=1,2,\cdots,n$，若 $w_i = w_j = \dfrac{1}{n}$，那么由式（3-14）决定的权重转变为 y_j，则 RCIHFOWG 算子退化为

$$\begin{aligned} \text{RCIHFOWG}(h_1, h_2, \cdots, h_n) &= \overset{n}{\underset{j=1}{\otimes}} h_{\sigma(j)}^{Z_j} = \overset{n}{\underset{j=1}{\otimes}} h_{\sigma(j)}^{y_j} \\ &= \text{RCIHFG}(h_1, h_2, \cdots, h_n) \end{aligned} \tag{3-27}$$

称 RCIHFG 为相对可信度诱导犹豫模糊几何（relative confidence induced hesitant fuzzy geometric，RCIHFG）算子。

特别地，对任意的 $i,j=1,2,\cdots,n$，存在情况 3.3 和情况 3.4。

情况 3.3　若 $l_i = l_j = 1$，那么由式（3-14）决定的权重转变为 w_j，则 RCIHFOWG 算子退化为 HFOWG 算子：

$$\begin{aligned} \text{RCIHFOWG}(h_1, h_2, \cdots, h_n) &= \overset{n}{\underset{j=1}{\otimes}} h_{\sigma(j)}{}^{Z_j} = \overset{n}{\underset{j=1}{\otimes}} h_{\sigma(j)}{}^{w_j} \\ &= \text{HFOWG}(h_1, h_2, \cdots, h_n) \end{aligned} \tag{3-28}$$

情况 3.4　若 $l_i = l_j = 1$，同时满足 $w_i = w_j = \dfrac{1}{n}$，那么由式（3-14）决定的权重转变为 $Z_j = \dfrac{1}{n}(j=1,2,\cdots,n)$，则 RCIHFOWG 算子退化为 HFWG 算子：

$$\begin{aligned} \text{RCIHFOWG}(h_1, h_2, \cdots, h_n) &= \overset{n}{\underset{j=1}{\otimes}} h_{\sigma(j)} Z_j = \overset{n}{\underset{j=1}{\otimes}} h_{\sigma(j)}{}^{\frac{1}{n}} \\ &= \text{HFWG}(h_1, h_2, \cdots, h_n) \end{aligned} \tag{3-29}$$

由 RCIHFOWG 算子的定义可知：其权重与专家可信度以及犹豫模糊数的位置权重相关，其权重大小依赖于被集结的犹豫模糊数的可信度与犹豫模糊数位置权重的乘积，突出了权重与数据的位置以及可信度之间的联系性。

通过证明，可以得到如下定理。

定理 3.9　设一组犹豫模糊数 $h_j(j=1,2,\cdots,n)$，则可推理得

$$\text{RCIHFOWG}(h_1, h_2, \cdots, h_n) = \overset{n}{\underset{j=1}{\otimes}} h_{\sigma(j)}^{Z_j} = \bigcup_{\gamma_{\sigma(j)} \in h_{\sigma(j)}} \left(\prod_{j=1}^{n} (\gamma_{\sigma(j)})^{Z_j} \right) \tag{3-30}$$

其中，$Z_j = \dfrac{w_j \times y_j}{\sum\limits_{j=1}^{n} w_j \times y_j}$ $(j=1,2,\cdots,n)$ 为与 RCIHFOWG 算子相关联的权重，y_j 为可

信度系数，$y_j = \dfrac{l_j}{\sum\limits_{j=1}^{n} l_j}$，$l_j$ 为可信度且 $0 \leqslant l_j \leqslant 1$，$h_{\sigma(j)}$ 为犹豫模糊数 h_j $(j=1,2,\cdots,n)$

中的第 j 大的元素，w_j 为 $h_{\sigma(j)}$ 的位置权重，并且 $(\sigma(1),\sigma(2),\cdots,\sigma(n))$ 为 $(1,2,\cdots,n)$ 的
一个置换，对任意的 j，满足 $h_{\sigma(j-1)} \geqslant h_{\sigma(j)}$。

证明　当 $n=2$ 时，由 $(h_{\sigma(j)})^{Z_j} = \bigcup_{\gamma_{\sigma(j)} \in h_{\sigma(j)}} ((\gamma_{\sigma(j)})^{Z_j})$，可得

$$
\begin{aligned}
\mathrm{RCIHFOWG}(h_{\sigma(1)}, h_{\sigma(2)}) &= h_{\sigma(1)}^{Z_1} \otimes h_{\sigma(2)}^{Z_2} \\
&= \bigcup_{\gamma_{\sigma(1)} \in h_{\sigma(1)}, \gamma_{\sigma(2)} \in h_{\sigma(2)}} \{ (\gamma_{\sigma(1)})^{Z_1} (\gamma_{\sigma(2)})^{Z_2} \} \\
&= \bigcup_{\gamma_{\sigma(j)} \in h_{\sigma(j)}} \left\{ \prod_{j=1}^{2} (\gamma_{\sigma(j)})^{Z_j} \right\}
\end{aligned}
$$

即当 $n=2$ 时，原式成立。

若当 $n=k$ 时，原式成立，即

$$
\mathrm{RCIHFOWG}(h_1, h_2, \cdots, h_k) = \bigcup_{\gamma_{\sigma(j)} \in h_{\sigma(j)}} \left(\prod_{j=1}^{k} (\gamma_{\sigma(j)})^{Z_j} \right)
$$

则当 $n=k+1$ 时

$$
\begin{aligned}
\mathrm{RCIHFOWG}(h_1, h_2, \cdots, h_{k+1}) &= \bigcup_{\gamma_{\sigma(j)} \in h_{\sigma(j)}} \left(\prod_{j=1}^{k} (\gamma_{\sigma(j)})^{Z_j} \right) \otimes h_{k+1}^{Z_{k+1}} \\
&= \bigcup_{\gamma_{\sigma(j)} \in h_{\sigma(j)}} \left(\prod_{j=1}^{k} (\gamma_{\sigma(j)})^{Z_j} \right) \\
&\quad \otimes \bigcup_{\gamma_{k+1} \in h_{k+1}} ((\gamma_{k+1})^{Z_{k+1}}) \\
&= \bigcup_{\gamma_{\sigma(j)} \in h_{\sigma(j)}} \left(\prod_{j=1}^{k+1} (\gamma_{\sigma(j)})^{Z_j} \right)
\end{aligned}
$$

即当 $n=k+1$ 时，原式仍成立，则原式对任意的 n 都成立。
证毕。

RCIHFOWG 算子还具有下列良好的性质。

定理3.10　设犹豫模糊集 $h_1, h_2, \cdots, h_n$，则

$$
\mathrm{RCIHFOWG}(h_1, h_2, \cdots, h_n) = \mathrm{RCIHFOWG}(h_1', h_2', \cdots, h_n') \tag{3-31}
$$

其中，$(h_1', h_2', \cdots, h_n')$ 为 $(h_1, h_2, \cdots, h_n)$ 的任一置换。

证明　参考定理 3.2 的证明过程，在此省略。

定理 3.11　若所有犹豫模糊数满足 $h_1 = h_2 = \cdots = h_n = h^*$，则有

$$\text{RCIHFOWG}(h_1, h_2, \cdots, h_n) = h^* \qquad (3\text{-}32)$$

证明　参考定理 3.3 的证明过程，在此省略。

定理 3.12　设一组犹豫模糊数 $h_j (j = 1, 2, \cdots, n)$，若 $r > 0$，则

$$\text{RCIHFOWG}(h_1{}^r, h_2{}^r, \cdots, h_n{}^r) = (\text{RCIHFOWG}(h_1, h_2, \cdots, h_n))^r \qquad (3\text{-}33)$$

证明　参考定理 3.5 的证明过程，在此省略。

定理 3.13　设一组犹豫模糊数 $h_j (j = 1, 2, \cdots, n)$，若 f 为一犹豫模糊数，ε 为 f 中的元素，则

$$\text{RCIHFOWG}(h_1 \otimes f, h_2 \otimes f, \cdots, h_n \otimes f) = \text{RCIHFOWG}(h_1, h_2, \cdots, h_n) \otimes f \qquad (3\text{-}34)$$

证明　参考定理 3.6 的证明过程，在此省略。

定理 3.14　设一组犹豫模糊数 $h_j (j = 1, 2, \cdots, n)$，若 $r > 0$，f 为一犹豫模糊数，则

$$\text{RCIHFOWG}(h_1{}^r \otimes f, h_2{}^r \otimes f, \cdots, h_n{}^r \otimes f) = (\text{RCIHFOWG}(h_1, h_2, \cdots, h_n))^r \otimes f \qquad (3\text{-}35)$$

证明　参考定理 3.7 的证明过程，在此省略。

定理 3.15　设两组犹豫模糊数 $h_j (j = 1, 2, \cdots, n)$，$f_j (j = 1, 2, \cdots, n)$，则

$$\begin{aligned} \text{RCIHFOWG}(h_1 \otimes f_1, h_2 \otimes f_2, \cdots, h_n \otimes f_n) &= \text{RCIHFOWG}(h_1, h_2, \cdots, h_n) \\ &\quad \otimes \text{RCIHFOWG}(f_1, f_2, \cdots, f_n) \end{aligned} \qquad (3\text{-}36)$$

证明　参考定理 3.8 的证明过程，在此省略。

定理 3.16　设一组犹豫模糊数 $h_j (j = 1, 2, \cdots, n)$，则

$$\text{RCIHFOWG}(h_1, h_2, \cdots, h_n) \leqslant \text{RCIHFOWA}(h_1, h_2, \cdots, h_n) \qquad (3\text{-}37)$$

证明　由文献[131]、文献[132]可知

$$\prod_{j=1}^{n} h_j{}^{Z_j} \leqslant \sum_{j=1}^{n} Z_j h_j$$

则可得

$$\mathrm{RCIHFOWG}(h_1, h_2, \cdots, h_n) = \bigcup_{\gamma_{\sigma(j)} \in h_{\sigma(j)}} \left(\prod_{j=1}^{n} (\gamma_{\sigma(j)})^{Z_j} \right)$$

$$\leqslant \bigcup_{\gamma_{\sigma(j)} \in h_{\sigma(j)}} \left(\sum_{j=1}^{n} Z_j \gamma_{\sigma(j)} \right)$$

$$= \bigcup_{\gamma_{\sigma(j)} \in h_{\sigma(j)}} \left(1 - \sum_{j=1}^{n} Z_j (1 - \gamma_{\sigma(j)}) \right)$$

$$\leqslant \bigcup_{\gamma_{\sigma(j)} \in h_{\sigma(j)}} \left(1 - \prod_{j=1}^{n} (1 - \gamma_{\sigma(j)})^{Z_j} \right)$$

$$= \mathrm{RCIHFOWA}(h_1, h_2, \cdots, h_n)$$

证毕。

3.2.3 基于相对可信度诱导犹豫模糊有序加权算子的多属性决策方法

研究基于 RCIHFOWA 算子或 RCIHFOWG 算子的犹豫模糊多属性决策问题。设 $A = \{A_1, A_2, \cdots, A_m\}$ 为方案集，$G = \{G_1, G_2, \cdots, G_n\}$ 为属性集，专家组给出每个方案 $A_i \in A$ 下的所有属性 $G_j \in G$ 的决策值，并给出每个决策值所对应的可信度，去掉完全一样的具有可信度的决策值，就构成了犹豫模糊决策矩阵 $D_l = (h_{ijk})_{m \times n \times p}$，$p$ 为属性中的犹豫模糊数个数，h_{ijk} 为第 i 个方案第 j 个属性的第 k 个犹豫模糊数。$Z = (Z_1, Z_2, \cdots, Z_p)^{\mathrm{T}}$ 为属性集里面的经过可信度和犹豫模糊数位置权重乘法集成后的权重，$Z_k \in [0,1]$ 且 $\sum_{k=1}^{p} Z_k = 1$，$t = (t_1, t_2, \cdots, t_n)^{\mathrm{T}}$ 为属性权重，$t_j \in [0,1]$ 且 $\sum_{j=1}^{n} t_j = 1$。基于 RCIHFOWA 算子或 RCIHFOWG 算子的犹豫模糊决策方法如下。

（1）决策者组给出每个方案 $A_i \in A$ 下的所有属性 $G_j \in G$ 的具有可信度的犹豫模糊决策值，构成犹豫模糊决策矩阵 $D_l = (h_{ijk})_{m \times n \times p}$。

（2）利用 RCIHFOWA 算子或 RCIHFOWG 算子对每个方案的每个属性信息进行集成，得出每个属性信息 G_j 的综合决策值：

$$G_j = \mathrm{RCIHFOWA}(h_1, h_2, \cdots, h_n) = \bigcup_{\gamma_{\sigma(j)} \in h_{\sigma(j)}} \left(1 - \prod_{j=1}^{n} (1 - \gamma_{\sigma(j)})^{Z_j} \right) \quad （3-38）$$

或
$$G_j = \mathrm{RCIHFOWG}(h_1, h_2, \cdots, h_n) = \bigcup_{\gamma_{\sigma(j)} \in h_{\sigma(j)}} \left(\prod_{j=1}^{n} (\gamma_{\sigma(j)})^{Z_j} \right) \quad （3-39）$$

（3）利用式（3-1）中的 HFWA 算子或式（3-2）中的 HFWG 算子对专家组给出的决策方案 A_i 的每个属性信息 $G_j (j = 1, 2, \cdots, n)$ 进行集成，得到决策方案 A_i 的群体综合表现值。

（4）通过犹豫模糊数的比较规则得到方案 $A_i (i = 1, 2, \cdots, m)$ 的排序，从而得出最佳备选方案。

下面以优秀学位论文评审为例，说明基于 RCIHFOWA 算子或 RCIHFOWG 算子的多属性决策方法的实用性。

数值算例　某国内名牌大学为了鼓励在校研究生全身心投入科研，准备对近一年内已毕业博士研究生的博士学位论文进行优秀学位论文评选，并对优秀学位论文进行高额奖励。经过学院、学校预先评估后，将相近学科内四位候选人的博士学位论文 $A_i (i = 1, 2, 3, 4)$ 作为进一步考察的对象，而按照学校规定相近学科只能对一篇优秀学位论文进行奖励。专家组主要从以下 4 个方面进行综合评估，即选题情况 G_1、创新与科研水平 G_2、撰写与规范 G_3、能力水平 G_4。若已知属性权重为 $t = (0.10, 0.35, 0.15, 0.40)^T$。假设各个属性下的有序犹豫模糊数的位置权重是相同的，即主要考虑相对可信度的影响。由于专家组中的每位专家所具有的知识、经验不同，专家组成员在给出每个方案所对应的属性决策值时应当给出相应的可信度。

方法一：为了确定优秀学位论文，首先利用 RCIHFOWA 算子进行决策。

（1）专家组对四篇博士学位论文 $A_i (i = 1, 2, 3, 4)$ 按各个属性进行测度，给出具有可信度的犹豫模糊决策矩阵 $D_l = (h_{ijk})_{4 \times 4 \times p}$，见表 3-1。

表 3-1　犹豫模糊决策矩阵（一）

	G_1	G_2	G_3	G_4
A_1	{(0.9, 0.5), (0.6, 0.7), (0.5, 0.8)}	{(0.6, 0.6), (0.6, 0.7), (0.8, 0.8)}	{(0.5, 0.4), (0.6, 0.5), (0.4, 0.6)}	{(0.6, 0.4), (0.5, 0.5), (0.6, 0.8), (0.3, 0.9)}
A_2	{(0.8, 0.3), (0.6, 0.5), (0.7, 0.6)}	{(0.6, 0.4), (0.9, 0.7), (0.6, 0.9)}	{(0.8, 0.4), (0.7, 0.6), (0.5, 0.7), (0.6, 0.8)}	{(0.7, 0.4), (0.7, 0.5)}
A_3	{(0.6, 0.6), (0.5, 0.8), (0.7, 0.9)}	{(0.5, 0.3), (0.7, 0.4), (0.3, 0.6), (0.5, 0.7)}	{(0.7, 0.7), (0.5, 0.8), (0.3, 0.9)}	{(0.5, 0.6), (0.4, 0.8), (0.6, 0.9)}
A_4	{(0.8, 0.3), (0.6, 0.5), (0.5, 0.6), (0.6, 0.8)}	{(0.4, 0.5), (0.5, 0.6), (0.1, 0.9)}	{(0.4, 0.4), (0.7, 0.7), (0.4, 0.9)}	{(0.5, 0.3), (0.4, 0.5), (0.6, 0.6)}

（2）利用 RCIHFOWA 算子对每篇博士学位论文的各个属性信息进行集成，得到每篇博士学位论文 A_i 的各个属性信息 G_j 的个体综合表现值，见表 3-2。

表 3-2　每篇博士学位论文的各个属性信息的个体综合表现值（一）

	G_1	G_2	G_3	G_4
A_1	0.66	0.72	0.50	0.68
A_2	0.47	0.73	0.63	0.45
A_3	0.81	0.51	0.79	0.81
A_4	0.57	0.62	0.73	0.49

（3）根据给出的属性权重信息利用 HFWA 算子对专家组给出的博士学位论文 A_i 的每个属性信息 G_j 进行集成，得到博士学位论文 A_i 的群体综合表现值：

$$\text{HFWA}(A_1) = 0.674, \ \text{HFWA}(A_2) = 0.601$$
$$\text{HFWA}(A_3) = 0.730, \ \text{HFWA}(A_4) = 0.588$$

（4）利用犹豫模糊数的比较规则得到博士学位论文 A_i 按照大小关系的排序：

$$\text{HFWA}(A_3) \succ \text{HFWA}(A_1) \succ \text{HFWA}(A_2) \succ \text{HFWA}(A_4)$$

因此，优秀学位论文应为博士学位论文 A_3。

方法二：为了确定优秀学位论文，重新利用 RCIHFOWG 算子进行决策。

（1）见方法一中步骤（1）。

（2）利用 RCIHFOWG 算子对每篇博士学位论文的各个属性信息进行集成，得到每篇博士学位论文 A_i 的各个属性信息 G_j 的个体综合表现值，见表 3-3。

表 3-3　每篇博士学位论文的各个属性信息的个体综合表现值（二）

	G_1	G_2	G_3	G_4
A_1	0.62	0.71	0.49	0.59
A_2	0.44	0.64	0.58	0.45
A_3	0.76	0.45	0.77	0.76
A_4	0.49	0.58	0.64	0.45

（3）利用 HFWG 算子对专家组给出的博士学位论文 A_i 的每个属性信息 G_j 进行集成，得到博士学位论文 A_i 的群体综合表现值：

$$\text{HFWG}(A_1) = 0.613, \ \text{HFWG}(A_2) = 0.527$$
$$\text{HFWG}(A_3) = 0.637, \ \text{HFWG}(A_4) = 0.526$$

（4）利用犹豫模糊数的比较规则得到博士学位论文 A_i 按照大小关系的排序：

$$\text{HFWG}(A_3) \succ \text{HFWG}(A_1) \succ \text{HFWG}(A_2) \succ \text{HFWG}(A_4)$$

因此，优秀学位论文仍然为博士学位论文 A_3。

方法三：为了确定优秀学位论文，采用 Xia 等[47]给出的 CIHFWA 算子进行决策。

（1）见方法一中步骤（1）。

（2）利用 CIHFWA 算子对每篇博士学位论文的各个属性信息进行集成，得到每篇博士学位论文 A_i 的各个属性信息 G_j 的个体综合表现值，见表 3-4。

表 3-4　每篇博士学位论文的各个属性信息的个体综合表现值（三）

	G_1	G_2	G_3	G_4
A_1	0.42	0.49	0.25	0.32
A_2	0.32	0.49	0.40	0.32
A_3	0.48	0.24	0.39	0.40
A_4	0.34	0.20	0.35	0.24

（3）利用 HFWG 算子对专家组给出的博士学位论文 A_i 的每个属性信息 G_j 进行集成，得到博士学位论文 A_i 的群体综合表现值：

$$\text{HFWG}(A_1) = 0.385, \ \text{HFWG}(A_2) = 0.397$$
$$\text{HFWG}(A_3) = 0.356, \ \text{HFWG}(A_4) = 0.256$$

（4）利用犹豫模糊数的比较规则得到博士学位论文 A_i 按照大小关系的排序：

$$\text{HFWG}(A_2) \succ \text{HFWG}(A_1) \succ \text{HFWG}(A_3) \succ \text{HFWG}(A_4)$$

因此，优秀学位论文为博士学位论文 A_2。

根据决策结果可知利用 RCIHFOWA 算子或 RCIHFOWG 算子得到的优秀学位论文都是由第三位候选人撰写的，并且决策排序结果完全一致，说明本书所提算子具有良好的一致性；由 CIHFWA 算子得到的决策结果却是第二位候选人的博士学位论文且其最终得分相差不大，并全部小于专家给出的分数，证明由 CIHFWA 算子得到的决策结果有失真的现象，主要是由于其考虑的是绝对可信度，加权之后决策数据变小。本书所提的 RCIHFOWA 算子或 RCIHFOWG 算子考虑的是相对可信度，并没有改变决策数据的大小，只是根据可信度进行加权，从而避免了决策数据的失真现象。由具体得分结果可知：尽管利用 RCIHFOWA 算子或 RCIHFOWG 算子得到的优秀学位论文都是由第三位候选人撰写的，但经过对比发现由 RCIHFOWG 算子决策的结果中第一位候选人与第三位候选人的博士学位论文得分差距变小，而第二位候选人与第四位候选人的博士学位论文得分基本一致，仅相差 0.001。这表明采用不同的信息集成算子所得的集成结果会出现微小差异，决策者可根据具体情况自主选择合适的信息集成算子进行决策。

3.3　犹豫模糊依赖型混合加权算子及其应用

RCIHFOWA 算子仅仅考虑集成犹豫模糊数位置权重以及可信度，并没有考虑数据的离散程度的影响，导致最后的决策结果与决策数据的内在关系无关。为了同时考虑位置、可信度以及数据离散程度的影响，本书提出一类 HFDHA 算子与 HFDHG 算子，同时给出测量数据离散程度和距离的加权变异率公式。

3.3.1　加权变异率

为了测量数据的离散程度，本书提出加权变异率的概念，定义如下。

定义 3.17　假设 $y_{ij}(i=1,2,\cdots,m,j=1,2,\cdots,n)$ 表示第 i 个方案的第 j 个属性数据值，$\bar{y}_j$ 为第 j 个属性均值，定义加权变异率 v_j 为

$$v_j = \frac{s_j}{(m-1)\bar{y}_j} \times 100\% \tag{3-40}$$

其中，$s_j = \sqrt{\sum_{i=1}^{m}(y_{ij}-\bar{y}_j)^2 \times w_{ij}}$ 为第 j 个属性数据的加权标准差，$w_{ij} = \dfrac{y_{ij}}{\sum\limits_{i=1}^{m} y_{ij}}$ 为属性数据占比。

不难证明，加权变异率具有良好的度量性质，将式（3-40）化简可得

$$v_j = \frac{s_j}{(m-1)\bar{y}_j} = \frac{1}{m-1}\sqrt{\frac{\sum\limits_{i=1}^{m} m^2 \times y_{ij} \times (y_{ij}^2 - 2y_{ij} \times \bar{y} + \bar{y}^2)}{\left(\sum\limits_{i=1}^{m} y_{ij}\right)^3}}$$

再次化简得

$$v_j = \frac{1}{m-1}\sqrt{\frac{m^2\sum\limits_{i=1}^{m} y_{ij}^{\,3}}{\left(\sum\limits_{i=1}^{m} y_{ij}\right)^3} - \frac{2m\sum\limits_{i=1}^{m} y_{ij}^{\,2}}{\left(\sum\limits_{i=1}^{m} y_{ij}\right)^2} + 1}$$

因为 $\dfrac{\sum\limits_{i=1}^{m} y_{ij}^{\,3}}{\left(\sum\limits_{i=1}^{m} y_{ij}\right)^3} \leqslant 1$ 且 $\dfrac{\sum\limits_{i=1}^{m} y_{ij}^{\,2}}{\left(\sum\limits_{i=1}^{m} y_{ij}\right)^2} \leqslant 1$，所以上式可转化为

$$v_j = \frac{1}{m-1} \sqrt{\frac{m^2 \sum\limits_{i=1}^{m} y_{ij}^3}{\left(\sum\limits_{i=1}^{m} y_{ij}\right)^3} - \frac{2m \sum\limits_{i=1}^{m} y_{ij}^2}{\left(\sum\limits_{i=1}^{m} y_{ij}\right)^2} + 1} \leqslant \frac{1}{m-1} \sqrt{m^2 - 2m + 1} \qquad (3\text{-}41)$$

即由式（3-41）知 $v_j \leqslant 1$。又由式（3-41）大于等于 0，有 $0 \leqslant v_j \leqslant 1$，加权变异率越大，各个属性之间的差异程度越高。容易证明 $v_j = 0$ 的充要条件是各个属性之间绝对平均，即 $y_{1j} = y_{2j} = \cdots = y_{nj} = \bar{y}$；反之，若 $v_j = 1$，不难验证必有

$y_{1j} = y_{2j} = \cdots = y_{(n-1)j} = 0, y_{nj} \neq 0, \bar{y}_{ij} = \dfrac{y_{nj}}{n}$，即 $v_j = 1$ 的充要条件是各个属性之间的

数据具有绝对的差异，大部分属性没有任何进展，仅有一个属性发展。可见，加权变异率是一种依据评价数据得出数据信息差异化的方法，可从加权变异率直接判断数据偏离程度。从以上推理过程可知，加权变异率具有类似基尼系数的取值和含义[133, 134]。

3.3.2　犹豫模糊依赖型混合平均算子

考虑数据变异程度和犹豫模糊语言变量的影响[98, 135-137]，本章在 RCIHFOWA 算子的基础上提出 HFDHA 算子。

定义 3.18　若 $h_j, \bar{h}, 2\bar{h} - h_j$ 分别表示犹豫模糊数、犹豫模糊数均值以及犹豫模糊数关于均值的对称点，则将它们之间的加权变异率

$$v(h_j, \bar{h}, 2\bar{h} - h_j) = \frac{|h_j - \bar{h}|}{\sqrt{6\bar{h}}} \qquad (3\text{-}42)$$

称为对偶变异距离。

定义 3.19　设犹豫模糊集 $h_1, h_2, \cdots, h_n$，设 HFDHA：$\Omega_n \to \Omega$，若

$$\text{HFDHA}(h_1, h_2, \cdots, h_n) = \overset{n}{\underset{j=1}{\oplus}} V_j \tilde{h}_{\sigma(j)} \qquad (3\text{-}43)$$

其中，$V = (V_1, V_2, \cdots, V_n)^{\mathrm{T}}$ 为与 HFDHA 算子相关联的权重，定义如下：

$$V_j = \frac{1 - v(h_j, \bar{h}, 2\bar{h} - h_j)}{\sum\limits_{j=1}^{n} (1 - v(h_j, \bar{h}, 2\bar{h} - h_j))} \qquad (3\text{-}44)$$

其中，$v(h_j, \bar{h}, 2\bar{h} - h_j)$ 为对偶变异距离。$\tilde{h}_{\sigma(j)} = nZ_j h_{\sigma(j)}$，$(\sigma(1), \sigma(2), \cdots, \sigma(n))$ 为

$(1, 2, \cdots, n)$ 的一个置换，对任意的 j，满足 $\tilde{h}_{\sigma(j-1)} \geqslant \tilde{h}_{\sigma(j)}$，$Z_j = \dfrac{w_j \times l_j}{\sum\limits_{j=1}^{n} w_j \times l_j}$，$l_j$ 为可

信度，$h_{\sigma(j)}$ 为犹豫模糊数 $h_j(j=1,2,\cdots,n)$ 中的第 j 大的元素，w_j 为 $h_{\sigma(j)}$ 的位置权重，n 为平衡系数，则称 HFDHA 算子为犹豫模糊依赖型混合平均算子。

由 HFDHA 算子的定义可知：该类算子不仅考虑决策数据位置和可信度的影响，而且考虑决策数据离散程度的影响，可以通过测量数据的离散程度的加权变异距离将有偏见的一些决策值赋予较小的权重，从而减轻其对最终决策结果的影响，有效地反映了权重与数据之间的内在联系，因而可以得到更加客观、公平的决策结果。

特别地，对任意的 $i,j=1,2,\cdots,n$，存在定义 3.20。

定义 3.20　当所有犹豫模糊数的可信度为 1 且位置权重相等时，$l_i=l_j=1$，同时满足 $w_i=w_j=\dfrac{1}{n}$，那么由式（3-14）决定的权重转变为 $Z_j=\dfrac{1}{n}(j=1,2,\cdots,n)$，则 $\tilde{h}_{\sigma(j)}=h_{\sigma(j)}$，因此

$$\mathrm{HFDHA}(h_1,h_2,\cdots,h_n)=\overset{n}{\underset{j=1}{\oplus}}V_j\tilde{h}_{\sigma(j)}=\overset{n}{\underset{j=1}{\oplus}}V_jh_{\sigma(j)}=\mathrm{HFDOWA}(h_1,h_2,\cdots,h_n)$$

$$(3\text{-}45)$$

称 HFDOWA 算子为犹豫模糊依赖型有序加权平均（hesitant fuzzy dependent ordered weighted averaging）算子。

根据犹豫模糊数运算规则，可以得到如下的定理。

定理 3.17　RCIHFOWA 算子是 HFDHA 算子的特例。

证明　假设对偶变异距离都相等，则 $V_j=\dfrac{1}{n}$，因此

$$\mathrm{HFDHA}(h_1,h_2,\cdots,h_n)=\overset{n}{\underset{j=1}{\oplus}}V_j\tilde{h}_{\sigma(j)}=\overset{n}{\underset{j=1}{\oplus}}\frac{1}{n}\tilde{h}_{\sigma(j)}=\overset{n}{\underset{j=1}{\oplus}}Z_jh_{\sigma(j)}$$

$$=\mathrm{RCIHFOWA}(h_1,h_2,\cdots,h_n)$$

定理 3.18　设一组犹豫模糊数 $h_j(j=1,2,\cdots,n)$，则通过 HFDHA 算子集结后仍然为犹豫模糊数，且

$$\mathrm{HFDHA}(h_1,h_2,\cdots,h_n)=\overset{n}{\underset{j=1}{\oplus}}V_j\overline{h}_{\sigma(j)}=\bigcup_{\tilde{\gamma}_{\sigma(j)}\in\tilde{h}_{\sigma(j)}}\left(1-\prod_{j=1}^{n}(1-\tilde{\gamma}_{\sigma(j)})^{V_j}\right)\quad(3\text{-}46)$$

其中，$V_j=\dfrac{1-v(h_j,\overline{h},2\overline{h}-h_j)}{\sum\limits_{j=1}^{n}(1-v(h_j,\overline{h},2\overline{h}-h_j))}$ 为与 HFDHA 算子相关联的权重，$v(h_j,\overline{h},2\overline{h}-h_j)$

为对偶变异距离。$\tilde{h}_{\sigma(j)}=nZ_jh_{\sigma(j)}$，$(\sigma(1),\sigma(2),\cdots,\sigma(n))$ 为 $(1,2,\cdots,n)$ 的一个置换，

对任意的 j，满足 $\tilde{h}_{\sigma(j-1)} \geqslant \tilde{h}_{\sigma(j)}$，$Z_j = \dfrac{w_j \times y_j}{\sum\limits_{j=1}^{n} w_j \times y_j}$，$y_j$ 为可信度系数，$h_{\sigma(j)}$ 为犹豫

模糊数 $h_j(j=1,2,\cdots,n)$ 中的第 j 大的元素，w_j 为 $h_{\sigma(j)}$ 的位置权重，n 为平衡系数。

证明　由定理 3.1 可知，$\tilde{h}_{\sigma(j)}$ 仍然为犹豫模糊数。

当 $n=2$ 时，由 $V_j \tilde{h}_{\sigma(j)} = \bigcup_{\tilde{\gamma}_{\sigma(j)} \in \tilde{h}_{\sigma(j)}} (1-(1-\tilde{\gamma}_{\sigma(j)})^{V_j})$，可得

$$\mathrm{HFDHA}(h_{\sigma(1)}, h_{\sigma(2)}) = V_1 \tilde{h}_{\sigma(1)} \oplus V_2 \tilde{h}_{\sigma(2)}$$

$$= \bigcup_{\tilde{\gamma}_{\sigma(1)} \in \tilde{h}_{\sigma(1)}, \tilde{\gamma}_{\sigma(2)} \in \tilde{h}_{\sigma(2)}} \left\{ \begin{array}{l} (1-(1-\tilde{\gamma}_{\sigma(1)})^{V_1}) + (1-(1-\tilde{\gamma}_{\sigma(2)})^{V_2}) \\ -(1-(1-\tilde{\gamma}_{\sigma(1)})^{V_1})(1-(1-\tilde{\gamma}_{\sigma(2)})^{V_2}) \end{array} \right\}$$

$$= \bigcup_{\tilde{\gamma}_{\sigma(1)} \in \tilde{h}_{\sigma(1)}, \tilde{\gamma}_{\sigma(2)} \in \tilde{h}_{\sigma(2)}} \{ 1-(1-\tilde{\gamma}_{\sigma(1)})^{V_1}(1-\tilde{\gamma}_{\sigma(2)})^{V_2} \}$$

即当 $n=2$ 时，原式成立。

若当 $n=k$ 时，原式成立，即

$$\mathrm{HFDHA}(h_1, h_2, \cdots, h_k) = \bigcup_{\tilde{\gamma}_{\sigma(j)} \in \tilde{h}_{\sigma(j)}} \left(1 - \prod_{j=1}^{k} (1-\tilde{\gamma}_{\sigma(j)})^{V_j} \right)$$

则当 $n=k+1$ 时

$$\mathrm{HFDHA}(h_1, h_2, \cdots, h_{k+1}) = \bigcup_{\tilde{\gamma}_{\sigma(j)} \in \tilde{h}_{\sigma(j)}} \left(1 - \prod_{j=1}^{k} (1-\tilde{\gamma}_{\sigma(j)})^{V_j} \right) \oplus Z_{k+1} \tilde{h}_{k+1}$$

$$= \bigcup_{\tilde{\gamma}_{\sigma(j)} \in \tilde{h}_{\sigma(j)}} \left(1 - \prod_{j=1}^{k} (1-\tilde{\gamma}_{\sigma(j)})^{V_j} \right)$$

$$\oplus \bigcup_{\tilde{\gamma}_{k+1} \in \tilde{h}_{k+1}} (1-(1-\tilde{\gamma}_{k+1})^{V_{k+1}})$$

$$= \bigcup_{\tilde{\gamma}_{\sigma(j)} \in \tilde{h}_{\sigma(j)}} \left(1 - \prod_{j=1}^{k+1} (1-\tilde{\gamma}_{\sigma(j)})^{V_j} \right)$$

即当 $n=k+1$ 时，原式仍成立，则原式对任意的 n 都成立。

证毕。

易于证明，HFDHA 算子还具有下列良好的性质。

定理 3.19　设犹豫模糊集 $h_1, h_2, \cdots, h_n$，则

$$\mathrm{HFDHA}(h_1, h_2, \cdots, h_n) = \mathrm{HFDHA}(h_1', h_2', \cdots, h_n') \tag{3-47}$$

其中，$(h_1', h_2', \cdots, h_n')$ 为 $(h_1, h_2, \cdots, h_n)$ 的任一置换。

定理 3.20　若所有犹豫模糊数满足 $h_1 = h_2 = \cdots = h_n = h^*$，则有

$$\mathrm{HFDHA}(h_1, h_2, \cdots, h_n) = h^* \tag{3-48}$$

定理 3.21

$$\min(h_1, h_2, \cdots, h_n) \leqslant \mathrm{HFDHA}(h_1, h_2, \cdots, h_n) \leqslant \max(h_1, h_2, \cdots, h_n) \tag{3-49}$$

定理 3.22　设一组犹豫模糊数 $h_j(j=1,2,\cdots,n)$，若 $r>0$，则

$$\text{HFDHA}(rh_1,rh_2,\cdots,rh_n)=r\text{HFDHA}(h_1,h_2,\cdots,h_n) \qquad (3\text{-}50)$$

定理 3.23　设一组犹豫模糊数 $h_j(j=1,2,\cdots,n)$，若 f 为一犹豫模糊数，ε 为 f 中的元素，则

$$\text{HFDHA}(h_1\oplus f,h_2\oplus f,\cdots,h_n\oplus f)=\text{HFDHA}(h_1,h_2,\cdots,h_n)\oplus f \qquad (3\text{-}51)$$

定理 3.24　设一组犹豫模糊数 $h_j(j=1,2,\cdots,n)$，若 $r>0$，f 为一犹豫模糊数，则

$$\text{HFDHA}(rh_1\oplus f,rh_2\oplus f,\cdots,rh_n\oplus f)=r\text{HFDHA}(h_1,h_2,\cdots,h_n)\oplus f \qquad (3\text{-}52)$$

定理 3.25　设两组犹豫模糊数 $h_j(j=1,2,\cdots,n)$，$f_j(j=1,2,\cdots,n)$，则

$$\begin{aligned}\text{HFDHA}(h_1\oplus f_1,h_2\oplus f_2,\cdots,h_n\oplus f_n)&=\text{HFDHA}(h_1,h_2,\cdots,h_n)\\&\oplus\text{HFDHA}(f_1,f_2,\cdots,f_n)\end{aligned} \qquad (3\text{-}53)$$

3.3.3　犹豫模糊依赖型混合几何算子

基于 HFDHA 算子以及几何平均算法，可以定义 HFDHG 算子。

定义 3.21　设犹豫模糊集 $h_1,h_2,\cdots,h_n$，设 HFDHG：$\Omega_n\rightarrow\Omega$，若

$$\text{HFDHG}(h_1,h_2,\cdots,h_n)=\overset{n}{\underset{j=1}{\otimes}}\overset{*}{h}_{\sigma(j)}^{V_j} \qquad (3\text{-}54)$$

其中，$V=(V_1,V_2,\cdots,V_n)^{\mathrm{T}}$ 为与 HFDHG 算子相关联的权重，定义如下：

$$V_j=\frac{1-v(h_j,\bar{h},2\bar{h}-h_j)}{\sum\limits_{j=1}^{n}(1-v(h_j,\bar{h},2\bar{h}-h_j))}$$

其中，$v(h_j,\bar{h},2\bar{h}-h_j)$ 为对偶变异距离。$\overset{*}{h}_{\sigma(j)}=h_{\sigma(j)}^{nZ_j}$，$(\sigma(1),\sigma(2),\cdots,\sigma(n))$ 为 $(1,2,\cdots,n)$ 的一个置换，对任意的 j，满足 $\overset{*}{h}_{\sigma(j-1)}\geqslant\overset{*}{h}_{\sigma(j)}$，$Z_j=\dfrac{w_j\times y_j}{\sum\limits_{j=1}^{n}w_j\times y_j}$，$y_j$ 为可信度系数，$h_{\sigma(j)}$ 为犹豫模糊数 $h_j(j=1,2,\cdots,n)$ 中的第 j 大的元素，w_j 为 $h_{\sigma(j)}$ 的位置权重，n 为平衡系数，则称 HFDHG 算子为犹豫模糊依赖型混合几何算子。

与 HFDHA 算子的特点相同：HFDHG 算子不仅考虑决策数据位置和可信度的影响，而且考虑决策数据离散程度的影响，可以通过测量数据的离散程度的加权变异距离将有偏见的一些决策值赋予较小的权重，从而减轻其对最终决策结果的影响，有效地反映了权重与数据之间的内在联系，因而可以得到更加客观、公平的决策结果。

特别地，对任意的 $i, j = 1, 2, \cdots, n$，存在定义 3.22。

定义 3.22 当所有犹豫模糊数的可信度为 1 且位置权重相等时，$l_i = l_j = 1$，同时满足 $w_i = w_j = \dfrac{1}{n}$，那么由式（3-14）决定的权重转变为 $Z_j = \dfrac{1}{n}(j = 1, 2, \cdots, n)$，则 $\overset{*}{h}_{\sigma(j)} = h_{\sigma(j)}$，因此

$$\text{HFDHG}(h_1, h_2, \cdots, h_n) = \overset{n}{\underset{j=1}{\otimes}} \overset{*}{h}{}^{V_j}_{\sigma(j)} = \overset{n}{\underset{j=1}{\otimes}} h^{V_j}_{\sigma(j)} = \text{HFDOWG}(h_1, h_2, \cdots, h_n) \quad (3\text{-}55)$$

称 HFDOWG 算子为犹豫模糊依赖型有序加权几何（hesitant fuzzy dependent ordered weighted geometric）算子。

可以很轻易地证明如下的定理。

定理 3.26 RCIHFOWG 算子是 HFDHG 算子的特例。

证明 假设对偶变异距离都相等，则 $V_j = \dfrac{1}{n}$，因此

$$\text{HFDHG}(h_1, h_2, \cdots, h_n) = \overset{n}{\underset{j=1}{\otimes}} \overset{*}{h}{}^{V_j}_{\sigma(j)} = \overset{n}{\underset{j=1}{\otimes}} \overset{*}{h}{}^{\frac{1}{n}}_{\sigma(j)} = \overset{n}{\underset{j=1}{\otimes}} h^{Z_j}_{\sigma(j)}$$
$$= \text{RCIHFOWG}(h_1, h_2, \cdots, h_n)$$

定理 3.27 设一组犹豫模糊数 $h_j(j = 1, 2, \cdots, n)$，则通过 HFDHG 算子集结后仍然为犹豫模糊数，且

$$\text{HFDHG}(h_1, h_2, \cdots, h_n) = \overset{n}{\underset{j=1}{\otimes}} \overset{*}{h}{}^{V_j}_{\sigma(j)} = \underset{\gamma_{\sigma(j)} \in \overset{*}{h}_{\sigma(j)}}{\bigcup} \left(\prod_{j=1}^{n} \left(\overset{*}{\gamma}_{\sigma(j)} \right)^{V_j} \right) \quad (3\text{-}56)$$

其中，$V_j = \dfrac{1 - v(h_j, \bar{h}, 2\bar{h} - h_j)}{\sum\limits_{j=1}^{n}(1 - v(h_j, \bar{h}, 2\bar{h} - h_j))}$ 为与 HFDHG 算子相关联的权重，$v(h_j, \bar{h}, 2\bar{h} - h_j)$

为对偶变异距离。$\overset{*}{h}_{\sigma(j)} = h^{nZ_j}_{\sigma(j)}$，$(\sigma(1), \sigma(2), \cdots, \sigma(n))$ 为 $(1, 2, \cdots, n)$ 的一个置换，对任意的 j，满足 $\overset{*}{h}_{\sigma(j-1)} \geqslant \overset{*}{h}_{\sigma(j)}$，$Z_j = \dfrac{w_j \times y_j}{\sum\limits_{j=1}^{n} w_j \times y_j}$，$y_j$ 为可信度系数，$h_{\sigma(j)}$ 为犹豫模糊

数 $h_j(j = 1, 2, \cdots, n)$ 中的第 j 大的元素，w_j 为 $h_{\sigma(j)}$ 的位置权重，n 为平衡系数。

证明 由定理 3.9 可知，$\overset{*}{h}_{\sigma(j)}$ 仍然为犹豫模糊数。

当 $n = 2$ 时，由犹豫模糊数运算规则知 $(h_{\sigma(j)})^{Z_j} = \bigcup\limits_{\gamma_{\sigma(j)} \in h_{\sigma(j)}} ((\gamma_{\sigma(j)})^{Z_j})$，可得

$$\mathrm{HFDHG}(h_{\sigma(1)}, h_{\sigma(2)}) = (\overset{*}{h}_{\sigma(1)})^{V_1} \otimes (\overset{*}{h}_{\sigma(2)})^{V_2}$$

$$= \bigcup_{\gamma_{\sigma(1)} \in h_{\sigma(1)}, \gamma_{\sigma(2)} \in h_{\sigma(2)}} \{ (\overset{*}{\gamma}_{\sigma(1)})^{V_1} (\overset{*}{\gamma}_{\sigma(2)})^{V_2} \}$$

$$= \bigcup_{\gamma_{\sigma(j)} \in h_{\sigma(j)}} \left\{ \prod_{j=1}^{2} (\overset{*}{\gamma}_{\sigma(j)})^{V_j} \right\}$$

则当 $n = 2$ 时，原式成立。

若当 $n = k$ 时，原式成立，即

$$\mathrm{HFDHG}(h_1, h_2, \cdots, h_k) = \bigcup_{\gamma_{\sigma(j)} \in h_{\sigma(j)}} \left(\prod_{j=1}^{k} (\overset{*}{\gamma}_{\sigma(j)})^{V_j} \right)$$

则当 $n = k+1$ 时

$$\mathrm{HFDHG}(h_1, h_2, \cdots, h_{k+1}) = \bigcup_{\gamma_{\sigma(j)} \in h_{\sigma(j)}} \left(\prod_{j=1}^{k} (\overset{*}{\gamma}_{\sigma(j)})^{V_j} \right) \otimes (\overset{*}{h}_{k+1})^{V_{k+1}}$$

$$= \bigcup_{\gamma_{\sigma(j)} \in h_{\sigma(j)}} \left(\prod_{j=1}^{k} (\overset{*}{\gamma}_{\sigma(j)})^{V_j} \right) \otimes \bigcup_{\gamma_{k+1} \in h_{k+1}} ((\overset{*}{\gamma}_{k+1})^{V_{k+1}})$$

$$= \bigcup_{\gamma_{\sigma(j)} \in h_{\sigma(j)}} \left(\prod_{j=1}^{k+1} (\overset{*}{\gamma}_{\sigma(j)})^{V_j} \right)$$

即当 $n = k+1$ 时，原式仍成立，则原式对任意的 n 都成立。

证毕。

HFDHG 算子还具有下列良好的性质。

定理 3.28　设犹豫模糊集 $h_1, h_2, \cdots, h_n$，则

$$\mathrm{HFDHG}(h_1, h_2, \cdots, h_n) = \mathrm{HFDHG}(h_1', h_2', \cdots, h_n') \tag{3-57}$$

其中，$(h_1', h_2', \cdots, h_n')$ 为 $(h_1, h_2, \cdots, h_n)$ 的任一置换。

定理 3.29　若所有犹豫模糊数满足 $h_1 = h_2 = \cdots = h_n = h^*$，则有

$$\mathrm{HFDHG}(h_1, h_2, \cdots, h_n) = h^* \tag{3-58}$$

定理 3.30　设一组犹豫模糊数 $h_j (j = 1, 2, \cdots, n)$，若 $r > 0$，则

$$\mathrm{HFDHG}(h_1^r, h_2^r, \cdots, h_n^r) = (\mathrm{HFDHG}(h_1, h_2, \cdots, h_n))^r \tag{3-59}$$

定理 3.31　设一组犹豫模糊数 $h_j (j = 1, 2, \cdots, n)$，若 f 为一犹豫模糊数，ε 为 f 中的元素，则

$$\mathrm{HFDHG}(h_1 \otimes f, h_2 \otimes f, \cdots, h_n \otimes f) = \mathrm{HFDHG}(h_1, h_2, \cdots, h_n) \otimes f \tag{3-60}$$

定理 3.32　设两组犹豫模糊数 $h_j (j = 1, 2, \cdots, n)$，$f_j (j = 1, 2, \cdots, n)$，则

$$\mathrm{HFDHG}(h_1 \otimes f_1, h_2 \otimes f_2, \cdots, h_n \otimes f_n) = \mathrm{HFDHG}(h_1, h_2, \cdots, h_n)$$
$$\otimes \mathrm{HFDHG}(f_1, f_2, \cdots, f_n) \tag{3-61}$$

定理 3.33 设一组犹豫模糊数 $h_j(j=1,2,\cdots,n)$，则

$$\text{HFDHG}(h_1,h_2,\cdots,h_n) \leqslant \text{HFDHA}(h_1,h_2,\cdots,h_n) \qquad (3\text{-}62)$$

3.3.4 基于犹豫模糊依赖型混合算子的多属性决策方法

研究基于 HFDHA 算子或 HFDHG 算子的犹豫模糊多属性决策问题。设 $A=\{A_1,A_2,\cdots,A_m\}$ 为方案集，$G=\{G_1,G_2,\cdots,G_n\}$ 为属性集，专家组给出每个方案 $A_i \in A$ 下的所有属性 $G_j \in G$ 的决策值，并给出每个决策值所对应的可信度，去掉完全一样的具有可信度的决策值，就构成了犹豫模糊决策矩阵 $D_l=(h_{ijk})_{m \times n \times p}$，$p$ 为属性中的犹豫模糊数个数，h_{ijk} 为第 i 个方案第 j 个属性的第 k 个犹豫模糊数。$\tilde{h}_{\sigma(k)}=nZ_k h_{\sigma(k)}$ 与 $\overset{*}{h}_{\sigma(k)}=h_{\sigma(k)}^{nZ_k}$ 为经平衡系数 n 调整以及可信度与位置权重加权后的犹豫模糊数，其中，$Z=(Z_1,Z_2,\cdots,Z_p)^{\mathrm{T}}$ 为属性集里面的经过可信度和犹豫模糊数位置权重乘法集成后的权重，$Z_k \in [0,1]$ 且 $\sum_{k=1}^{p} Z_k=1$，$t=(t_1,t_2,\cdots,t_n)^{\mathrm{T}}$ 为属性权重，$t_j \in [0,1]$ 且 $\sum_{j=1}^{n} t_j=1$。基于犹豫模糊依赖型混合算子的犹豫模糊决策方法如下[54,138-140]。

（1）专家组给出每个方案 $A_i \in A$ 下的所有属性 $G_j \in G$ 的具有可信度的犹豫模糊决策值，构成犹豫模糊决策矩阵 $D_l=(h_{ijk})_{m \times n \times p}$。

（2）利用 HFDHA 算子或 HFDHG 算子对每个方案的每个属性信息进行集成，得出每个属性信息 G_j 的综合决策值：

$$G_j = \text{HFDHA}(h_{ij1},h_{ij2},\cdots,h_{ijn}) \qquad (3\text{-}63)$$

或

$$G_j = \text{HFDHG}(h_{ij1},h_{ij2},\cdots,h_{ijn}) \qquad (3\text{-}64)$$

（3）利用式（3-1）中的 HFWA 算子或式（3-2）中的 HFWG 算子对专家组给出的决策方案 A_i 的每个属性信息 $G_j(j=1,2,\cdots,n)$ 进行集成，得到决策方案 A_i 的群体综合表现值。

（4）通过犹豫模糊数的比较规则得到方案 $A_i(i=1,2,\cdots,m)$ 的排序，从而得出最佳备选方案。

下面以供应商选择为例，说明基于 HFDHA 算子或 HFDHG 算子的多属性决策方法的实用性。

数值算例 某工厂需要从供应商处购买所需的核心部件，目前有 4 个供应商 $A_i(i=1,2,3,4)$ 作为工厂领导层的备选，工厂领导层准备从以下方面对这 4 个供

应商进行综合决策，即信誉水平 G_1、交货表现 G_2、质量水平 G_3、价格水平 G_4。若已知属性权重为 $t = (0.48, 0.10, 0.21, 0.21)^T$。假设各个属性下的有序犹豫模糊数的位置权重是相同的。由于专家组中的每位专家所具有的知识、经验不同，专家组成员在给出每个供应商所对应的属性决策值时应当给出相应的可信度。如果在同一方案的某一属性下专家给出的评价值是相等的，则删除属性中的重复数字。

方法一： 为了确定最优供应商，利用 HFDHA 算子进行决策。

（1）专家组给出每个供应商 $A_i \in A$ 下的所有属性 $G_j \in G$ 的具有可信度的犹豫模糊决策矩阵 $D_l = (h_{ijk})_{4 \times 4 \times p}$，见表 3-5。

表 3-5　犹豫模糊决策矩阵（二）

	G_1	G_2	G_3	G_4
A_1	{(0.7, 0.4), (0.3, 0.6), (0.2, 0.8)}	{(0.5, 0.6), (0.3, 0.7)}	{(0.6, 0.5), (0.7, 0.6)}	{(0.8, 0.4), (0.7, 0.5)}
A_2	{(0.9, 0.3), (0.6, 0.4)}	{(0.6, 0.2), (0.4, 0.7)}	{(0.7, 0.4), (0.6, 0.6), (0.5, 0.8)}	{(0.9, 0.3), (0.7, 0.5)}
A_3	{(0.2, 0.6), (0.3, 0.9)}	{(0.7, 0.4), (0.3, 0.6)}	{(0.5, 0.8), (0.2, 0.9)}	{(0.4, 0.6), (0.2, 0.8), (0.3, 0.9)}
A_4	{(0.7, 0.2), (0.5, 0.6)}	{(0.6, 0.4), (0.1, 0.9)}	{(0.5, 0.4), (0.6, 0.7), (0.3, 0.9)}	{(0.2, 0.3), (0.4, 0.5)}

（2）利用 HFDHA 算子对每个供应商的各个属性信息进行集成。首先，求出专家组对于供应商 A_i 中每个属性所对应的加权犹豫模糊数 $\tilde{h}_{\sigma(k)}$，见表 3-6。其次，利用式（3-42）中的对偶变异距离得出每个犹豫模糊数的变异距离权重信息，见表 3-7。最后，通过 HFDHA 算子得到每个供应商 A_i 的各个属性信息 G_j 的个体综合表现值，见表 3-8。

表 3-6　经平衡系数调整后的加权犹豫模糊数 $\tilde{h}_{\sigma(k)}$

	G_1	G_2	G_3	G_4
A_1	(0.59, 0.50, 0.55)	(0.68, 0.59)	(0.47, 0.63)	(0.42, 0.48)
A_2	(0.35, 0.34)	(0.23, 0.62)	(0.45, 0.60, 0.74)	(0.33, 0.45)
A_3	(0.52, 0.94)	(0.51, 0.42)	(0.90, 0.73)	(0.70, 0.66, 0.9)
A_4	(0.23, 0.53)	(0.58, 0.49)	(0.42, 0.79, 0.77)	(0.21, 0.60)

表 3-7　犹豫模糊数的变异距离权重信息

	G_1	G_2	G_3	G_4
A_1	(0.32, 0.36, 0.32)	(0.50, 0.50)	(0.50, 0.50)	(0.50, 0.50)
A_2	(0.50, 0.50)	(0.50, 0.50)	(0.32, 0.36, 0.32)	(0.50, 0.50)
A_3	(0.50, 0.50)	(0.50, 0.50)	(0.50, 0.50)	(0.32, 0.35, 0.33)
A_4	(0.50, 0.50)	(0.50, 0.50)	(0.31, 0.37, 0.32)	(0.50, 0.50)

表 3-8　每个供应商的各个属性信息的个体综合表现值（一）

	G_1	G_2	G_3	G_4
A_1	0.55	0.64	0.56	0.45
A_2	0.35	0.46	0.61	0.39
A_3	0.83	0.47	0.84	0.78
A_4	0.40	0.54	0.70	0.44

（3）利用 HFWA 算子对专家组给出的供应商 A_i 的每个属性信息 G_j 进行集成，得到供应商 A_i 的群体综合表现值：

$$\text{HFWA}(A_1) = 0.55, \ \text{HFWA}(A_2) = 0.44$$
$$\text{HFWA}(A_3) = 0.80, \ \text{HFWA}(A_4) = 0.50$$

（4）利用犹豫模糊集的比较规则按照大小关系得出供应商 A_i 的具体排序：

$$\text{HFWA}(A_3) \succ \text{HFWA}(A_1) \succ \text{HFWA}(A_4) \succ \text{HFWA}(A_2)$$

因此，最优供应商为 A_3。

方法二：为了确定最优供应商，利用 HFDHG 算子进行决策。

（1）见方法一中步骤（1）。

（2）利用 HFDHG 算子对每个供应商的各个属性信息进行集成。首先，求出专家组对于供应商 A_i 中每个属性所对应的加权犹豫模糊数 $\overset{*}{h}_{\sigma(k)}$，见表 3-9。其次，利用式（3-42）中的对偶变异距离得出每个犹豫模糊数的变异距离权重信息，见表 3-7。最后，通过 HFDHG 算子得到每个供应商 A_i 的各个属性信息 G_j 的个体综合表现值，见表 3-10。

表 3-9　经平衡系数调整后的加权犹豫模糊数 $\overset{*}{h}_{\sigma(k)}$

	G_1	G_2	G_3	G_4
A_1	(0.20, 0.68, 0.89)	(0.53, 0.77)	(0.53, 0.58)	(0.38, 0.52)
A_2	(0.24, 0.48)	(0.14, 0.75)	(0.34, 0.60, 0.83)	(0.26, 0.55)
A_3	(0.66, 0.88)	(0.28, 0.74)	(0.73, 0.94)	(0.51, 0.86, 0.90)
A_4	(0.15, 0.65)	(0.21, 0.97)	(0.37, 0.63, 0.93)	(0.45, 0.40)

表 3-10　每个供应商的各个属性信息的个体综合表现值（二）

	G_1	G_2	G_3	G_4
A_1	0.50	0.64	0.55	0.44
A_2	0.34	0.33	0.56	0.38
A_3	0.77	0.45	0.83	0.74
A_4	0.32	0.45	0.61	0.42

（3）利用 HFWG 算子对专家组给出的供应商 A_i 的每个属性信息 G_j 进行集成，得到供应商 A_i 的群体综合表现值：

$$\text{HFWG}(A_1) = 0.51, \ \text{HFWG}(A_2) = 0.38$$
$$\text{HFWG}(A_3) = 0.73, \ \text{HFWG}(A_4) = 0.40$$

（4）利用犹豫模糊数的比较规则按照大小关系得到供应商 A_i 的具体排序为

$$\text{HFWG}(A_3) \succ \text{HFWG}(A_1) \succ \text{HFWG}(A_4) \succ \text{HFWG}(A_2)$$

因此，最优供应商仍为 A_3。

由以上结果可知，基于 HFDHA 算子或 HFDHG 算子的多属性决策的排序结果完全相同，说明本书所提方法具有良好的稳定性和实用性。由 HFDHG 算子集成的结果小于或等于由 HFDHA 算子集成的结果，从侧面用实例验证了定理 3.33 的准确性。

3.4　本 章 小 结

本章研究了专家组对属性值以带有可信度的犹豫模糊集形式给出的信息集成问题。为了获得合理、可信的决策数据，通常需要考虑专家组成员对该领域的熟知程度即可信度的影响。本书基于相对可信度构建了 RCIHFOWA 算子和 RCIHFOWG 算子，与该算子相关联的加权向量依赖于专家可信度以及犹豫模糊数的位置权重，研究发现该算子拥有幂等性、有界性、单调性和置换不变性等优良性质，并给出了其对应的犹豫模糊多属性决策方法。考虑数据本身的离散程度对决策结果的影响，本章给出了加权变异率的概念，用来测量数据的变异程度。在 RCIHFOWA 算子和 RCIHFOWG 算子的基础上加入对偶变异距离的概念，进一步提出了 HFDHA 算子和 HFDHG 算子，该类集成算子可以有效地处理具有偏见或错误的决策数据，并同时考虑可信度与位置权重的影响，从而可以保证获得更加客观、公平的决策结果，在其基础上构建了多属性决策方法。

第4章　犹豫模糊优先级信息集成方法及其应用

犹豫模糊集能够很好地表述客观世界的不确定性，因此得到了国内外有关学者的广泛关注。犹豫模糊信息集成是犹豫模糊集的重要研究内容之一，相关的研究成果也很丰富，但是大多数相关文献假定属性之间是相互独立的，并没有考虑属性之间的优先级关系。在实际的决策问题中往往存在属性优先级关系。例如，为婴儿买奶粉，从奶粉的价格和奶粉的安全性两个方面来评价奶粉，在现实情况中，我们不会为了获得奶粉价格上的优惠而牺牲奶粉的安全性，即如果奶粉的安全性降低，再便宜的奶粉我们也不会购买。又如，为自己购买衣服，从衣服的价格和适合性两个方面来决定是否购买衣服，一般来讲，如果衣服不合身，再便宜的衣服也不会购买，即如果衣服的适合性降低一点，购买该衣服的可能性就明显降低。传统的信息集成算子无法解决上述实际问题，考虑优先级的影响，Wei[42]在 PA 算子[129]的基础上提出了 HFPWA 算子以及 HFPWG 算子，但是其仅考虑优先级的影响，未考虑数据离散程度的影响。

本书考虑决策数据离散程度的影响，从全新的角度研究一种考虑优先级的信息集成权重确定方法：基于熵值的优先级混合加权方法。该方法的核心思想是犹豫模糊集中的元素越少、离散程度越小，证明专家针对该属性的评价值越统一，该属性所对应的犹豫模糊评价信息的可信度越高。在基于熵值的优先级混合加权方法的基础上，本章提出犹豫模糊集成算子：犹豫模糊优先级混合平均（hesitant fuzzy prioritized hybrid averaging，HFPHA）算子、犹豫模糊优先级混合几何（hesitant fuzzy prioritized hybrid geometric，HFPHG）算子、广义犹豫模糊优先级混合平均（generalized hesitant fuzzy prioritized hybrid averaging，GHFPHA）算子和广义犹豫模糊优先级混合几何（generalized hesitant fuzzy prioritized hybrid geometric，GHFPHG）算子，并给出新算子存在的特性以及运算规则。

考虑可信度的重要影响，本书给出带有可信度的犹豫模糊熵值算法，并在此基础上结合属性优先级提出考虑可信度与优先级的组合赋权方法。该赋权方法既能保证属性优先级恒定，又可以有效地区分专家意见的统一程度以及专家对属性的熟悉程度。基于考虑可信度与优先级的组合赋权方法给出犹豫模糊集成算子：可信度诱导犹豫模糊优先级混合平均（confidence hesitant fuzzy prioritized hybrid averaging，CHFPHA）算子和可信度诱导犹豫模糊优先级混合几何（confidence hesitant fuzzy prioritized hybrid geometric，CHFPHG）算子，并给出该类算子的优良特性。

4.1　犹豫模糊优先级混合集成算子及其应用

现有的大多数犹豫模糊信息集成相关文献假定属性之间是相互独立的，并没有考虑属性之间的优先级关系，更没有同时考虑属性优先级和犹豫模糊数个数对决策结果可能产生的影响。在实际的决策问题中往往存在属性优先级关系，而且由犹豫模糊集的概念与性质可知，犹豫模糊数越少，表示专家意见越统一。本书基于该思想给出一种具有属性优先级的组合赋权方法，将该组合赋权方法引入犹豫模糊信息集成问题中，提出 HFPHA 算子和 HFPHG 算子，并研究其优良性质及运算规则。

4.1.1　基于熵值的优先级组合赋权方法

1. 基于犹豫模糊信息的熵值法

用熵值法计算犹豫模糊信息的步骤如下。

（1）同度量化各属性内的犹豫模糊信息，计算第 j 个属性的第 s 个犹豫模糊数 x_{js} 的比重 w_{js}：

$$w_{js} = \frac{x_{js}}{\sum_{s=1}^{p} x_{js}} \tag{4-1}$$

（2）计算第 j 个属性的熵值 e_j：

$$e_j = -k \sum_{s=1}^{p} w_{js} \ln w_{js} \tag{4-2}$$

其中，$k>0$，$e_j \geq 0$。如果第 j 个属性的数据全部相等，那么 $w_{js} = \frac{1}{p}$，此时 e_j 最大，即 $e_j = -k \sum_{s=1}^{p} \frac{1}{p} \ln \frac{1}{p} = k \ln p$，若设 $k = \frac{1}{\ln p}$，则有 $0 \leq e_j \leq 1$。

对于第 j 个属性，x_{js} 的差异性越小，e_j 越大；当第 j 个属性的数据完全相同时，专家意见高度统一，则令 $e_j = e_{max} = 1$；第 j 个属性的数据离散程度越大，e_j 越小[141-143]。

2. 具有属性优先级的组合赋权方法

为了保持属性优先级恒定，同时考虑属性数据的离散程度的影响，本书提出一种基于熵值的混合加权方法。

（1）专家组成员通过讨论确定属性优先级。

（2）按照序关系排列的相邻属性 x_j 与 x_{j+1} 的优先级程度 r_j 如下：

$$r_j = \begin{cases} e_j / e_{j+1}, & e_j \geqslant e_{j+1}(j=1,2,\cdots,n-1) \\ 1, & e_j < e_{j+1}(j=1,2,\cdots,n-1) \end{cases} \qquad (4\text{-}3)$$

其中，令 $r_n = 1$。

（3）计算出按照序关系排列在第 k 个属性的权重 t_k：

$$t_k = \frac{\prod\limits_{j=k}^{n} r_j}{\sum\limits_{k=1}^{n} \prod\limits_{j=n-k+1}^{n} r_j} \qquad (4\text{-}4)$$

4.1.2 犹豫模糊优先级混合平均算子

为了保持属性优先级恒定且考虑属性数据离散程度的重要影响，本书在具有属性优先级的组合赋权方法的基础上提出 HFPHA 算子。

定义 4.1 设一组犹豫模糊数 $h_j(j=1,2,\cdots,n)$，设 HFPHA：$\Omega_n \to \Omega$，假如 HFPHA 满足

$$\text{HFPHA}(h_1, h_2, \cdots, h_n) = t_1 h_1 \oplus t_2 h_2 \oplus \cdots \oplus t_n h_n \qquad (4\text{-}5)$$

则称 HFPHA 为犹豫模糊优先级混合平均算子，其中，$t_j(j=1,2,\cdots,n)$ 为第 j 个属性的基于熵值的优先级混合权重，且 $t_j \in [0,1], \sum\limits_{j=1}^{n} t_j = 1$。

可以利用数学归纳法推知以下定理。

定理 4.1 设一组犹豫模糊数 $h_j(j=1,2,\cdots,n)$，则可得

$$\text{HFPHA}(h_1, h_2, \cdots, h_n) = t_1 h_1 \oplus t_2 h_2 \oplus \cdots \oplus t_n h_n = \cup_{\gamma_j \in h_j} \left(1 - \prod_{j=1}^{n}(1-\gamma_j)^{t_j}\right) \quad (4\text{-}6)$$

证明 当 $n=2$ 时，由 $t_j h_j = \cup_{\gamma_j \in h_j}(1-(1-\gamma_j)^{t_j})$，可得

$$\begin{aligned} \text{HFPHA}(h_1, h_2) &= t_1 h_1 \oplus t_2 h_2 \\ &= \cup_{\gamma_1 \in h_1, \gamma_2 \in h_2} \left\{ \begin{aligned} &(1-(1-\gamma_1)^{t_1}) + (1-(1-\gamma_2)^{t_2}) \\ &-(1-(1-\gamma_1)^{t_1})(1-(1-\gamma_2)^{t_2}) \end{aligned} \right\} \\ &= \cup_{\gamma_1 \in h_1, \gamma_2 \in h_2} \left\{1 - (1-\gamma_1)^{t_1}(1-\gamma_2)^{t_2}\right\} \end{aligned}$$

即当 $n=2$ 时，原式成立。

若当 $n=k$ 时，原式成立，即

$$\text{HFPHA}(h_1, h_2, \cdots, h_k) = \cup_{\gamma_j \in h_j} \left(1 - \prod_{j=1}^{k}(1-\gamma_j)^{t_j}\right)$$

则当 $n=k+1$ 时

$$\text{HFPHA}(h_1,h_2,\cdots,h_{k+1})=\cup_{\gamma_j\in h_j}\left(1-\prod_{j=1}^{k}(1-\gamma_j)^{t_j}\right)\oplus t_{k+1}h_{k+1}$$

$$=\cup_{\gamma_j\in h_j}\left(1-\prod_{j=1}^{k}(1-\gamma_j)^{t_j}\right)$$

$$\oplus\cup_{\gamma_{k+1}\in h_{k+1}}\left(1-(1-\gamma_{k+1})^{t_{k+1}}\right)$$

$$=\cup_{\gamma_j\in h_j}\left(1-\prod_{j=1}^{k+1}(1-\gamma_j)^{t_j}\right)$$

即当 $n=k+1$ 时，原式仍成立，则原式对任意的 n 都成立。

证毕。

很容易证明 HFPHA 算子具有下列性质。

定理 4.2　若所有犹豫模糊数满足 $h_1=h_2=\cdots=h_n=h^*$，则有

$$\text{HFPHA}(h_1,h_2,\cdots,h_n)=h^* \tag{4-7}$$

定理 4.3　设一组犹豫模糊数 $h_j(j=1,2,\cdots,n)$，若 $h^-=\min_j(h_j),h^+=\max_j(h_j)$，则

$$h^-\leqslant\text{HFPHA}(h_1,h_2,\cdots,h_n)\leqslant h^+ \tag{4-8}$$

定理 4.4　设一组犹豫模糊数 $h_j(j=1,2,\cdots,n)$，若 $r>0$，则

$$\text{HFPHA}(rh_1,rh_2,\cdots,rh_n)=r\text{HFPHA}(h_1,h_2,\cdots,h_n) \tag{4-9}$$

定理 4.5　设一组犹豫模糊数 $h_j(j=1,2,\cdots,n)$，若 f 为一犹豫模糊数，ε 为 f 中的元素，则

$$\text{HFPHA}(h_1\oplus f,h_2\oplus f,\cdots,h_n\oplus f)=\text{HFPHA}(h_1,h_2,\cdots,h_n)\oplus f \tag{4-10}$$

定理 4.6　设一组犹豫模糊数 $h_j(j=1,2,\cdots,n)$，若 $r>0$，f 为一犹豫模糊数，则

$$\text{HFPHA}(rh_1\oplus f,rh_2\oplus f,\cdots,rh_n\oplus f)=r\text{HFPHA}(h_1,h_2,\cdots,h_n)\oplus f \tag{4-11}$$

定理 4.7　设两组犹豫模糊数 $h_j(j=1,2,\cdots,n)$，$f_j(j=1,2,\cdots,n)$，则

$$\begin{aligned}\text{HFPHA}(h_1\oplus f_1,h_2\oplus f_2,\cdots,h_n\oplus f_n)&=\text{HFPHA}(h_1,h_2,\cdots,h_n)\\&\oplus\text{HFPHA}(f_1,f_2,\cdots,f_n)\end{aligned} \tag{4-12}$$

4.1.3　犹豫模糊优先级混合几何算子

基于 HFPHA 算子以及几何平均算法，给出 HFPHG 算子。

定义 4.2　假设存在犹豫模糊数 $h_j(j=1,2,\cdots,n)$，设 HFPHG：$\Omega_n\to\Omega$，若 HFPHG 满足

$$\text{HFPHG}(h_1,h_2,\cdots,h_n)=h_1^{t_1}\otimes h_2^{t_2}\otimes\cdots\otimes h_n^{t_n} \tag{4-13}$$

则称 HFPHG 算子为犹豫模糊优先级混合几何算子，其中，$t_j(j=1,2,\cdots,n)$ 为第 j 个属性的基于熵值的优先级混合权重，且 $t_j \in [0,1], \sum_{j=1}^{n} t_j = 1$。

经过简单的推理可以得到如下的定理。

定理 4.8 假设存在犹豫模糊数 $h_j(j=1,2,\cdots,n)$，则可知

$$\text{HFPHG}(h_1,h_2,\cdots,h_n) = h_1^{t_1} \otimes h_2^{t_2} \otimes \cdots \otimes h_n^{t_n} = \cup_{\gamma_j \in h_j} \left\{ \prod_{j=1}^{n} (\gamma_j)^{t_j} \right\} \quad (4\text{-}14)$$

定理 4.9 若所有犹豫模糊数满足 $h_1 = h_2 = \cdots = h_n = h^*$，则有

$$\text{HFPHG}(h_1,h_2,\cdots,h_n) = h^* \quad (4\text{-}15)$$

定理 4.10 设一组犹豫模糊数 $h_j(j=1,2,\cdots,n)$，若 $r>0$，f 为一犹豫模糊数，则

$$\text{HFPHG}(h_1^r \otimes f, h_2^r \otimes f, \cdots, h_n^r \otimes f) = (\text{HFPHG}(h_1,h_2,\cdots,h_n))^r \otimes f \quad (4\text{-}16)$$

定理 4.11 设两组犹豫模糊数 $h_j(j=1,2,\cdots,n)$，$f_j(j=1,2,\cdots,n)$，则

$$\begin{aligned}\text{HFPHG}(h_1 \otimes f_1, h_2 \otimes f_2, \cdots, h_n \otimes f_n) &= \text{HFPHG}(h_1,h_2,\cdots,h_n) \\ &\otimes \text{HFPHG}(f_1,f_2,\cdots,f_n)\end{aligned} \quad (4\text{-}17)$$

定理 4.12 设一组犹豫模糊数 $h_j(j=1,2,\cdots,n)$，则

$$\text{HFPHG}(h_1,h_2,\cdots,h_n) \leqslant \text{HFPHA}(h_1,h_2,\cdots,h_n) \quad (4\text{-}18)$$

4.1.4　基于犹豫模糊优先级混合算子的多属性群决策方法

群决策方法集合了多位专家意见，得到更加客观、可信的结果。本节考虑具有属性优先级的犹豫模糊多属性群决策问题。设 $A=\{A_1,A_2,\cdots,A_m\}$ 为方案集，$G=\{G_1,G_2,\cdots,G_n\}$ 为属性集且存在优先级关系，如 $G_1 \succ G_2 \succ \cdots \succ G_n$，表明属性集的优先级关系依次递减。专家组成员 $E=\{e_1,e_2,\cdots,e_p\}$ 针对方案 $A_i \in A$ 关于属性 $G_j \in G$ 给出决策信息，去掉重复数据，就组成了一个犹豫模糊决策矩阵，用 $H=(h_{ij})_{m \times n}$ 来表示。假设 $t_{ij}(i=1,2,\cdots,m;j=1,2,\cdots,n)$ 为第 i 个方案第 j 个属性的基于熵值的优先级混合权重。

基于犹豫模糊优先级混合算子的多属性群决策方法详细步骤如下。

（1）所有的专家 $E=\{e_1,e_2,\cdots,e_p\}$ 对方案 A_i 关于属性 G_j 进行评估，用犹豫模糊集 $h_{ij}(i=1,2,\cdots,m;j=1,2,\cdots,n)$ 表示，得到犹豫模糊决策矩阵 $H=(h_{ij})_{m \times n}$。

（2）利用式（4-4）计算第 i 个方案第 j 个属性的基于熵值的优先级混合权重 $t_{ij}(i=1,2,\cdots,m;j=1,2,\cdots,n)$。

（3）利用 HFPHA 算子或 HFPHG 算子集成犹豫模糊矩阵 $H=(h_{ij})_{m \times n}$，得出候选方案 A_i 的综合表现值 $h_i(i=1,2,\cdots,m)$。

$$h_i = \text{HFPHA}(h_{i1}, h_{i2}, \cdots, h_{in}) = \cup_{\gamma_j \in h_j} \left\{ 1 - \prod_{j=1}^{n} (1 - \gamma_j)^{t_j} \right\} \tag{4-19}$$

或

$$h_i = \text{HFPHG}(h_{i1}, h_{i2}, \cdots, h_{in}) = \cup_{\gamma_j \in h_j} \left\{ \prod_{j=1}^{n} (\gamma_j)^{t_j} \right\} \tag{4-20}$$

（4）根据犹豫模糊得分函数计算 $h_i(i = 1, 2, \cdots, m)$ 的得分。

$$s(h_i) = \frac{1}{\# h_i} \sum_{\gamma_i \in h_i} \gamma_i, i = 1, 2, \cdots, m \tag{4-21}$$

得分函数 $s(h_i)$ 越大，所对应的候选方案 A_i 越优。

数值算例　某企业现有 5 个项目投资方案 $A_i(i = 1, 2, 3, 4, 5)$，由于资金和人员的限制，企业只能选择一个项目投资方案，因此需要从 5 个项目投资方案中选择出最优项目投资方案。企业领导小组拟决定由以下指标进行综合决策，即营利性及偿付能力 G_1、顾客满意度 G_2、企业文化和内部业务流程 G_3、学习和成长能力 G_4。企业领导小组针对企业的实际情况，给出评价指标间的优先级排序：$G_1 \succ G_2 \succ G_3 \succ G_4$。为了得到科学合理的决策结果，该企业聘请由高校学者以及管理人员组成的 5 人专家团队。五位专家 $E = \{e_1, e_2, e_3, e_4, e_5\}$ 分别对 5 个项目投资方案 $A_i(i = 1, 2, 3, 4, 5)$ 在 4 个指标 $G_j(j = 1, 2, 3, 4)$ 下采取匿名方式进行评估，删除重复的评价值后用犹豫模糊集来表示。

方法一：利用本书提出的具有属性优先级的犹豫模糊决策方法可以得到最优的项目投资方案，具体步骤如下。

（1）五位专家 $E = \{e_1, e_2, e_3, e_4, e_5\}$ 对项目投资方案 $A_i(i = 1, 2, 3, 4, 5)$ 关于 4 个指标 $G_j(j = 1, 2, 3, 4)$ 进行匿名评估，如果五位专家给出的评价值有相等的，则保留一个数值，这样就可以用犹豫模糊集 h_{ij} 表示，由此得到犹豫模糊决策矩阵 $H = (h_{ij})_{5 \times 4}$，见表 4-1[15]。

表 4-1　犹豫模糊决策矩阵（一）

	G_1	G_2	G_3	G_4
A_1	{0.4, 0.5, 0.7}	{0.5, 0.8}	{0.6, 0.7, 0.9}	{0.5, 0.6}
A_2	{0.6, 0.7, 0.8}	{0.5, 0.6}	{0.4, 0.6, 0.7}	{0.4, 0.5}
A_3	{0.6, 0.8}	{0.2, 0.3, 0.5}	{0.4, 0.6}	{0.5, 0.7}
A_4	{0.5, 0.6, 0.7}	{0.4, 0.5}	{0.8, 0.9}	{0.3, 0.4, 0.5}
A_5	{0.6, 0.7}	{0.5, 0.7}	{0.7, 0.8}	{0.2, 0.3, 0.4}

（2）利用式（4-4）计算第 i 个项目投资方案第 j 个指标的基于熵值的优先级混合权重 $t_{ij}(i = 1, 2, 3, 4, 5; j = 1, 2, 3, 4)$。

$$t_{ij} = \begin{bmatrix} 0.253 & 0.249 & 0.249 & 0.249 \\ 0.252 & 0.252 & 0.248 & 0.248 \\ 0.259 & 0.247 & 0.247 & 0.247 \\ 0.251 & 0.251 & 0.251 & 0.247 \\ 0.255 & 0.251 & 0.251 & 0.243 \end{bmatrix}$$

（3）利用 HFPHA 算子集成犹豫模糊矩阵 $H = (h_{ij})_{5\times4}$ 的第 i 行，得出项目投资方案 A_i 的综合表现值 $h_i (i = 1,2,3,4,5)$，由于 h_i 中的数据过多，不一一列举，仅以项目投资方案 A_1 的综合表现值 h_1 为例，其他类似。

$h_1 = \{0.5047, 0.5270, 0.5844, 0.6057, 0.6235, 0.6692, 0.5389, 0.5597, 0.6131,$
$0.6330, 0.6495, 0.6920, 0.6493, 0.6651, 0.7057, 0.7208, 0.7334, 0.7657,$
$0.5315, 0.5526, 0.6068, 0.6270, 0.6439, 0.6870, 0.5639, 0.5835, 0.6340,$
$0.6528, 0.6685, 0.7087, 0.6682, 0.6832, 0.7216, 0.7359, 0.7478, 0.7784\}$

（4）根据犹豫模糊得分函数计算 $h_i (i = 1,2,3,4,5)$ 的得分。

$$s(h_1) = 0.6454, s(h_2) = 0.5840, s(h_3) = 0.5657$$
$$s(h_4) = 0.6321, s(h_5) = 0.6115$$

则 $s(h_1) \succ s(h_4) \succ s(h_5) \succ s(h_2) \succ s(h_3)$。

得分函数 $s(h_i)$ 越大，所对应的项目投资方案 A_i 越优，因此最优项目投资方案为 A_1。

方法二：为了选择最优项目投资方案，在 HFPHG 算子的基础上构建一种犹豫模糊多属性群决策方法，具体步骤如下。

（1）见方法一中的步骤（1）。
（2）见方法一中的步骤（2）。

（3）利用 HFPHG 算子集成犹豫模糊矩阵 $H = (h_{ij})_{5\times4}$ 的第 i 行，得出项目投资方案 A_i 的综合表现值 $h_i (i = 1,2,3,4,5)$，由于 h_i 中的数据过多，不一一列举，仅以项目投资方案 A_1 的综合表现值 h_1 为例，其他类似。

$h_1 = \{0.4945, 0.5559, 0.5232, 0.5882, 0.5697, 0.6404, 0.5139, 0.5776, 0.5437,$
$0.6112, 0.5920, 0.6655, 0.5470, 0.6150, 0.5788, 0.6507, 0.6302, 0.7085,$
$0.5175, 0.5817, 0.5475, 0.6155, 0.5962, 0.6702, 0.5377, 0.6045, 0.5689,$
$0.6195, 0.5724, 0.6057, 0.6595, 0.6396, 0.6964, 0.6435, 0.6809, 0.7414\}$

（4）根据犹豫模糊得分函数计算 $h_i (i = 1,2,3,4,5)$ 的得分。

$$s(h_1) = 0.6029, s(h_2) = 0.5557, s(h_3) = 0.5053$$
$$s(h_4) = 0.5472, s(h_5) = 0.5414$$

则 $s(h_1) \succ s(h_2) \succ s(h_4) \succ s(h_5) \succ s(h_3)$。

得分函数 $s(h_i)$ 越大，所对应的项目投资方案 A_i 越优，因此最优项目投资方案仍为 A_1。

由上述结果可以发现，利用 HFPHA 算子和 HFPHG 算子所得到的排序结果基本一致，所选择的最优项目投资方案都是 A_1，但具体排序结果略有区别，也就是说不同的集成算子所对应的决策结果会有所区别，决策者可以根据个人偏好进行选择。与文献[80]利用 HFPWA 算子得到的结果相比区别较大，主要是因为利用 HFPWA 算子得到的结果会随着犹豫模糊集中的元素大小的变化而发生变化，与犹豫模糊集中的元素的离散程度以及元素的个数无关。与其相比，本节所提算子具有良好的区分度，在属性具有优先级的情况下利用优先级组合赋权方法得到属性权重，计算操作相对简单、科学，从而可以有效地对方案进行抉择。

4.2　考虑优先级的广义犹豫模糊信息集成方法及其应用

4.1 节讨论了具有优先级的犹豫模糊信息集成方式，本节将该类集成算子进行扩展，给出一类具有优先级的广义犹豫模糊信息集成算子：GHFPHA 算子和 GHFPHG 算子，并给出该类算子的优良特性以及在不同条件下的运算规则。利用数值算例验证本节所提方法的实用性和有效性。

4.2.1　广义犹豫模糊优先级混合平均算子

为了研究具有属性优先级的广义犹豫模糊信息集成算子，本书在 HFPHA 算子的基础上给出 GHFPHA 算子的定义。

定义 4.3　假设存在一组犹豫模糊数 $h_j(j=1,2,\cdots,n)$，设 GHFPHA：$V^n \to V$，若

$$\text{GHFPHA}(h_1,h_2,\cdots,h_n)=t_1 h_1 \oplus t_2 h_2 \oplus \cdots \oplus t_n h_n \tag{4-22}$$

则称 GHFPHA 算子为广义犹豫模糊优先级混合平均算子，其中，$t_j(j=1,2,\cdots,n)$ 为第 j 个属性的基于熵值的优先级混合权重，且 $t_j \in [0,1]$，$\sum\limits_{j=1}^{n} t_j = 1$。

利用信息集成算子的运算规则可以得出如下的定理。

定理 4.13　假设存在一组犹豫模糊数 $h_j(j=1,2,\cdots,n)$，则可得

$$\text{GHFPHA}(h_1,h_2,\cdots,h_n)=t_1 h_1 \oplus t_2 h_2 \oplus \cdots \oplus t_n h_n = \cup_{\gamma_j \in h_j}\left\{ l^{-1}\left(\sum\limits_{j=1}^{n} w_j l(\gamma_j)\right)\right\} \tag{4-23}$$

证明　当 $n=2$ 时，由 $t_j h_j = \cup_{\gamma_j \in h_j}\{l^{-1}(w_j l(\gamma_j))\}$，可得

$$\begin{aligned}
\text{GHFPHA}(h_1,h_2) &= t_1h_1 \oplus t_2h_2\\
&= \cup_{\gamma_1\in h_1,\gamma_2\in h_2}\{l^{-1}(l(l^{-1}(w_1l(\gamma_1)))+l(l^{-1}(w_2l(\gamma_2)))))\}\\
&= \cup_{\gamma_1\in h_1,\gamma_2\in h_2}\{l^{-1}(w_1l(\gamma_1)+w_2l(\gamma_2))\}\\
&= \cup_{\gamma_1\in h_1,\gamma_2\in h_2}\left\{l^{-1}\left(\sum_{j=1}^2 w_jl(\gamma_j)\right)\right\}
\end{aligned}$$

即当 $n=2$ 时，原式成立。

若当 $n=k$ 时，原式成立，即

$$\text{GHFPHA}(h_1,h_2,\cdots,h_k)=\cup_{\gamma_1\in h_1,\gamma_2\in h_2,\cdots,\gamma_k\in h_k}\left\{l^{-1}\left(\sum_{j=1}^k w_jl(\gamma_j)\right)\right\}$$

则当 $n=k+1$ 时

$$\begin{aligned}
\text{GHFPHA}(h_1,h_2,\cdots,h_{k+1}) &= \cup_{\gamma_1\in h_1,\gamma_2\in h_2,\cdots,\gamma_k\in h_k}\left\{l^{-1}\left(\sum_{j=1}^k w_jl(\gamma_j)\right)\right\}\oplus t_{k+1}h_{k+1}\\
&= \cup_{\gamma_1\in h_1,\gamma_2\in h_2,\cdots,\gamma_k\in h_k}\left\{l^{-1}\left(\sum_{j=1}^k w_jl(\gamma_j)\right)\right\}\oplus\cup_{\gamma_{k+1}\in h_{k+1}}\{l^{-1}(w_{k+1}l(\gamma_{k+1}))\}\\
&= \cup_{\gamma_1\in h_1,\gamma_2\in h_2,\cdots,\gamma_k\in h_k,\gamma_{k+1}\in h_{k+1}}\left\{l^{-1}\left(l\left(l^{-1}\left(\sum_{j=1}^k w_jl(\gamma_j)\right)\right)+l(l^{-1}(w_{k+1}l(\gamma_{k+1})))\right)\right\}\\
&= \cup_{\gamma_1\in h_1,\gamma_2\in h_2,\cdots,\gamma_k\in h_k,\gamma_{k+1}\in h_{k+1}}\left\{l^{-1}\left(\sum_{j=1}^k w_jl(\gamma_j)+w_{k+1}l(\gamma_{k+1})\right)\right\}\\
&= \cup_{\gamma_1\in h_1,\gamma_2\in h_2,\cdots,\gamma_k\in h_k,\gamma_{k+1}\in h_{k+1}}\left\{l^{-1}\left(\sum_{j=1}^{k+1} w_jl(\gamma_j)\right)\right\}
\end{aligned}$$

即当 $n=k+1$ 时，原式仍成立，则原式对任意的 n 都成立。

证毕。

很容易证明 GHFPHA 算子具有下列性质、推论。

定理 4.14 若所有犹豫模糊数满足 $h_1=h_2=\cdots=h_n=h^*$，则有
$$\text{GHFPHA}(h_1,h_2,\cdots,h_n)=h^* \tag{4-24}$$

推论 4.1 设一组最大的犹豫模糊数为 $h_j(j=1,2,\cdots,n)$，即 $h_j=h^*=\{1\}(j=1,2,\cdots,n)$，则
$$\text{GHFPHA}(h_1,h_2,\cdots,h_n)=\text{GHFPHA}(h^*,h^*,\cdots,h^*)=\{1\} \tag{4-25}$$

推论 4.2 设一组最小的犹豫模糊数为 $h_j(j=1,2,\cdots,n)$，即 $h_j=h^*=\{0\}(j=1,2,\cdots,n)$，则
$$\text{GHFPHA}(h_1,h_2,\cdots,h_n)=\text{GHFPHA}(h^*,h^*,\cdots,h^*)=\{0\} \tag{4-26}$$

定理 4.15 设一组犹豫模糊数 $h_j(j=1,2,\cdots,n)$，若 $\lambda>0$，则

$$\text{GHFPHA}(\lambda h_1, \lambda h_2, \cdots, \lambda h_n) = \lambda \text{GHFPHA}(h_1, h_2, \cdots, h_n) \tag{4-27}$$

定理 4.16　设两组犹豫模糊数 $h_j(j=1,2,\cdots,n)$，$f_j(j=1,2,\cdots,n)$，则

$$\begin{aligned} \text{GHFPHA}(h_1 \oplus f_1, h_2 \oplus f_2, \cdots, h_n \oplus f_n) &= \text{GHFPHA}(h_1, h_2, \cdots, h_n) \\ &\oplus \text{GHFPHA}(f_1, f_2, \cdots, f_n) \end{aligned} \tag{4-28}$$

推论 4.3　设一组犹豫模糊数 $h_j(j=1,2,\cdots,n)$，若 f 为一犹豫模糊数，则

$$\text{GHFPHA}(h_1 \oplus f, h_2 \oplus f, \cdots, h_n \oplus f) = \text{GHFPHA}(h_1, h_2, \cdots, h_n) \oplus f \tag{4-29}$$

推论 4.4　设一组犹豫模糊数 $h_j(j=1,2,\cdots,n)$，若 f 为一犹豫模糊数且 $\lambda>0$，则

$$\text{GHFPHA}(\lambda h_1 \oplus f, \lambda h_2 \oplus f, \cdots, \lambda h_n \oplus f) = \lambda \text{GHFPHA}(h_1, h_2, \cdots, h_n) \oplus f \tag{4-30}$$

已知加性的发生器 k 可以产生严格的阿基米德 T 模，Klement 给出了如下定义：$T(x,y) = k^{-1}(k(x)+k(y))$，$k:[0,1] \to [0,+\infty]$ 为严格递减的函数且 $k(1)=0$。由 $l(t)=k(1-t)$，阿基米德 S 模可表示为 $S(x,y) = l^{-1}(l(x)+l(y))$ [9]。假设赋予函数 k 具体的函数，则会产生不同的情况。

情况 4.1　若 $k(t) = -\ln t$，则

$$\begin{aligned} \text{GHFPHA}(h_1, h_2, \cdots, h_n) &= t_1 h_1 \oplus t_2 h_2 \oplus \cdots \oplus t_n h_n \\ &= \cup_{\gamma_j \in h_j} \left(1 - \prod_{j=1}^{n} (1-\gamma_j)^{t_j} \right) \end{aligned} \tag{4-31}$$

即 GHFPHA 算子转化为 HFPHA 算子。

证明　由 $k(t) = -\ln t$，$l(t) = k(1-t)$ 可知：

$$l(t) = -\ln(1-t)，\quad k^{-1}(t) = \mathrm{e}^{-t}，\quad l^{-1}(t) = 1 - \mathrm{e}^{-t}$$

另外

$$t_j l(\gamma_j) = -t_j \ln(1-\gamma_j)$$

$$\Rightarrow \sum_{j=1}^{n} t_j l(\gamma_j) = -\ln \prod_{j=1}^{n} (1-\gamma_j)^{t_j}$$

$$\Rightarrow l^{-1}\left(\sum_{j=1}^{n} t_j l(\gamma_j) \right) = 1 - \mathrm{e}^{\ln \prod\limits_{j=1}^{n}(1-\gamma_j)^{t_j}} = 1 - \prod_{j=1}^{n}(1-\gamma_j)^{t_j}$$

证毕。

情况 4.2　若 $k(t) = \ln \dfrac{2-t}{t}$，则

$$\begin{aligned} \text{GHFPHA}(h_1, h_2, \cdots, h_n) &= t_1 h_1 \oplus t_2 h_2 \oplus \cdots \oplus t_n h_n \\ &= \cup_{\gamma_j \in h_j} \left\{ \frac{\prod\limits_{j=1}^{n}(1+\gamma_j)^{t_j} - \prod\limits_{j=1}^{n}(1-\gamma_j)^{t_j}}{\prod\limits_{j=1}^{n}(1+\gamma_j)^{t_j} + \prod\limits_{j=1}^{n}(1-\gamma_j)^{t_j}} \right\} \end{aligned} \tag{4-32}$$

即 GHFPHA 算子转变成犹豫模糊爱因斯坦优先级混合平均（hesitant fuzzy Einstein prioritized hybrid averaging，HFEPHA）算子。

证明　由 $k(t) = \ln \dfrac{2-t}{t}$，$l(t) = k(1-t)$ 可知：

$$l(t) = \ln \frac{1+t}{1-t}, \quad k^{-1}(t) = \frac{2}{\mathrm{e}^t + 1}, \quad l^{-1}(t) = \frac{\mathrm{e}^t - 1}{\mathrm{e}^t + 1}$$

则

$$t_j l(\gamma_j) = t_j \ln \frac{1+\gamma_j}{1-\gamma_j} = \ln \left(\frac{1+\gamma_j}{1-\gamma_j} \right)^{t_j}$$

$$\Rightarrow \sum_{j=1}^{n} t_j l(\gamma_j) = \ln \prod_{j=1}^{n} \left(\frac{1+\gamma_j}{1-\gamma_j} \right)^{t_j}$$

$$\Rightarrow l^{-1} \left(\sum_{j=1}^{n} t_j l(\gamma_j) \right) = \frac{\mathrm{e}^{\ln \prod_{j=1}^{n} \left(\frac{1+\gamma_j}{1-\gamma_j} \right)^{t_j}} - 1}{\mathrm{e}^{\ln \prod_{j=1}^{n} \left(\frac{1+\gamma_j}{1-\gamma_j} \right)^{t_j}} + 1}$$

$$= \frac{\prod_{j=1}^{n} \left(\frac{1+\gamma_j}{1-\gamma_j} \right)^{t_j} - 1}{\prod_{j=1}^{n} \left(\frac{1+\gamma_j}{1-\gamma_j} \right)^{t_j} + 1} = \frac{\prod_{j=1}^{n} (1+\gamma_j)^{t_j} - \prod_{j=1}^{n} (1-\gamma_j)^{t_j}}{\prod_{j=1}^{n} (1+\gamma_j)^{t_j} + \prod_{j=1}^{n} (1-\gamma_j)^{t_j}}$$

证毕。

情况 4.3　若 $k(t) = \ln \dfrac{\tau + (1-\tau)t}{t}$，则

$$\text{GHFPHA}(h_1, h_2, \cdots, h_n) = t_1 h_1 \oplus t_2 h_2 \oplus \cdots \oplus t_n h_n$$

$$= \bigcup_{\gamma_j \in h_j} \left\{ \frac{\prod_{j=1}^{n} (1 + (\tau-1)\gamma_j)^{t_j} - \prod_{j=1}^{n} (1-\gamma_j)^{t_j}}{\prod_{j=1}^{n} (1 + (\tau-1)\gamma_j)^{t_j} + \prod_{j=1}^{n} (\tau-1)(1-\gamma_j)^{t_j}} \right\} \quad (4\text{-}33)$$

即 GHFPHA 算子转变成犹豫模糊哈马克优先级混合平均（hesitant fuzzy Hamacher prioritized hybrid averaging，HFHPHA）算子。由上面的情况可知：$\tau = 1$ 时，HFHPHA 算子转变成 HFPHA 算子；$\tau = 2$ 时，HFHPHA 算子转变成 HFEPHA 算子。

情况 4.3 的证明参考情况 4.1 和情况 4.2 的证明过程，在此省略。

4.2.2　广义犹豫模糊优先级混合几何算子

基于 GHFPHA 算子以及几何平均算法，给出 GHFPHG 算子。

定义 4.4　假设存在一组犹豫模糊数 $h_j(j=1,2,\cdots,n)$，设 GHFPHG：$\Omega_n \to \Omega$，若 GHFPHG 满足

$$\text{GHFPHG}(h_1,h_2,\cdots,h_n) = h_1^{t_1} \otimes h_2^{t_2} \otimes \cdots \otimes h_n^{t_n} \tag{4-34}$$

则称 GHFPHG 算子为广义犹豫模糊优先级混合几何算子。其中，$t_j(j=1,2,\cdots,n)$ 为第 j 个属性的基于熵值的优先级混合权重，且 $t_j \in [0,1], \sum_{j=1}^{n} t_j = 1$。

经过简单的推理论证即可得如下定理。

定理 4.17　假设存在一组犹豫模糊数 $h_j(j=1,2,\cdots,n)$，则可得

$$\begin{aligned} \text{GHFPHG}(h_1,h_2,\cdots,h_n) &= h_1^{t_1} \otimes h_2^{t_2} \otimes \cdots \otimes h_n^{t_n} \\ &= \cup_{\gamma_j \in h_j} \left\{ k^{-1}\left(\sum_{j=1}^{n} t_j k(\gamma_j) \right) \right\} \end{aligned} \tag{4-35}$$

定理 4.18　若所有犹豫模糊数满足 $h_1 = h_2 = \cdots = h_n = h^*$，则有

$$\text{GHFPHG}(h_1,h_2,\cdots,h_n) = h^* \tag{4-36}$$

推论 4.5　设一组最大的犹豫模糊数为 $h_j(j=1,2,\cdots,n)$，即 $h_j = h^* = \{1\}(j=1,2,\cdots,n)$，则

$$\text{GHFPHG}(h_1,h_2,\cdots,h_n) = \text{GHFPHG}(h^*,h^*,\cdots,h^*) = \{1\} \tag{4-37}$$

推论 4.6　设一组最小的犹豫模糊数为 $h_j(j=1,2,\cdots,n)$，即 $h_j = h^* = \{0\}(j=1,2,\cdots,n)$，则

$$\text{GHFPHG}(h_1,h_2,\cdots,h_n) = \text{GHFPHG}(h^*,h^*,\cdots,h^*) = \{0\} \tag{4-38}$$

定理 4.19　设一组犹豫模糊数 $h_j(j=1,2,\cdots,n)$，若 $\lambda > 0$，则

$$\text{GHFPHG}(\lambda h_1, \lambda h_2, \cdots, \lambda h_n) = \lambda \text{GHFPHG}(h_1,h_2,\cdots,h_n) \tag{4-39}$$

定理 4.20　设两组犹豫模糊数 $h_j(j=1,2,\cdots,n)$，$f_j(j=1,2,\cdots,n)$，则

$$\begin{aligned} \text{GHFPHG}(h_1 \otimes f_1, h_2 \otimes f_2, \cdots, h_n \otimes f_n) &= \text{GHFPHG}(h_1,h_2,\cdots,h_n) \\ &\otimes \text{GHFPHG}(f_1,f_2,\cdots,f_n) \end{aligned} \tag{4-40}$$

推论 4.7　设一组犹豫模糊数 $h_j(j=1,2,\cdots,n)$，若 f 为一犹豫模糊数，则

$$\text{GHFPHG}(h_1 \otimes f, h_2 \otimes f, \cdots, h_n \otimes f) = \text{GHFPHG}(h_1,h_2,\cdots,h_n) \otimes f \tag{4-41}$$

推论 4.8　设一组犹豫模糊数 $h_j(j=1,2,\cdots,n)$，若 f 为一犹豫模糊数且 $\lambda > 0$，则

$$\text{GHFPHG}(\lambda h_1 \otimes f, \lambda h_2 \otimes f, \cdots, \lambda h_n \otimes f) = \lambda \text{GHFPHG}(h_1,h_2,\cdots,h_n) \otimes f \tag{4-42}$$

定理 4.21　设一组犹豫模糊数 $h_j(j=1,2,\cdots,n)$ ，则

$$\text{GHFPHG}(h_1,h_2,\cdots,h_n) \leqslant \text{GHFPHA}(h_1,h_2,\cdots,h_n) \tag{4-43}$$

已知加性的发生器 k 可以产生严格的阿基米德 T 模，Klement 给出了其具体的定义：$T(x,y)=k^{-1}(k(x)+k(y))$ ，$k:[0,1]\to[0,+\infty]$ 为严格递减的函数且 $k(1)=0$ 。由 $l(t)=k(1-t)$ ，阿基米德 S 模可表示为 $S(x,y)=l^{-1}(l(x)+l(y))$ [6]。假设赋予函数 k 具体的函数，则会产生不同的情况。

情况 4.4　若 $k(t)=-\ln t$ ，则

$$\text{GHFPHG}(h_1,h_2,\cdots,h_n)=t_1h_1 \otimes t_2h_2 \otimes \cdots \otimes t_nh_n = \prod_{j=1}^{n}\gamma_j^{t_j} \tag{4-44}$$

即 GHFPHG 算子转变成 HFPHG 算子。

证明　由 $k(t)=-\ln t$ ，$l(t)=k(1-t)$ 可知：

$$l(t)=-\ln(1-t), \quad k^{-1}(t)=\text{e}^{-t}, \quad l^{-1}(t)=1-\text{e}^{-t}$$

另外

$$t_jk(\gamma_j)=-t_j\ln\gamma_j$$

$$\Rightarrow \sum_{j=1}^{n}t_jk(\gamma_j)=-\ln\prod_{j=1}^{n}\gamma_j^{t_j}$$

$$\Rightarrow k^{-1}\left(\sum_{j=1}^{n}t_jk(\gamma_j)\right)=k^{-1}\left(-\ln\prod_{j=1}^{n}\gamma_j^{t_j}\right)=\text{e}^{\ln\prod_{j=1}^{n}\gamma_j^{t_j}}=\prod_{j=1}^{n}\gamma_j^{t_j}$$

证毕。

情况 4.5　若 $k(t)=\ln\dfrac{2-t}{t}$ ，则

$$\text{GHFPHG}(h_1,h_2,\cdots,h_n)=t_1h_1 \otimes t_2h_2 \otimes \cdots \otimes t_nh_n$$

$$=\frac{2\prod_{j=1}^{n}\gamma_j^{t_j}}{\prod_{j=1}^{n}(2-\gamma_j)^{t_j}+\prod_{j=1}^{n}\gamma_j^{t_j}} \tag{4-45}$$

即 GHFPHG 算子转变成犹豫模糊爱因斯坦优先级混合几何（hesitant fuzzy Einstein prioritized hybrid geometric，HFEPHG）算子。

证明　由 $k(t)=\ln\dfrac{2-t}{t}$ ，$l(t)=k(1-t)$ 可知：

$$l(t)=\ln\frac{1+t}{1-t}, \quad k^{-1}(t)=\frac{2}{\text{e}^t+1}, \quad l^{-1}(t)=\frac{\text{e}^t-1}{\text{e}^t+1}$$

则

$$t_j k(\gamma_j) = t_j \ln \frac{2-\gamma_j}{\gamma_j} = \ln \left(\frac{2-\gamma_j}{\gamma_j} \right)^{t_j}$$

$$\Rightarrow \sum_{j=1}^{n} t_j k(\gamma_j) = \ln \prod_{j=1}^{n} \left(\frac{2-\gamma_j}{\gamma_j} \right)^{t_j}$$

$$\Rightarrow k^{-1} \left(\sum_{j=1}^{n} t_j k(\gamma_j) \right) = \frac{2}{\mathrm{e}^{\ln \prod_{j=1}^{n} \left(\frac{2-\gamma_j}{\gamma_j} \right)^{t_j}} + 1}$$

$$= \frac{2}{\prod_{j=1}^{n} \left(\frac{2-\gamma_j}{\gamma_j} \right)^{t_j} + 1} = \frac{2 \prod_{j=1}^{n} \gamma_j^{t_j}}{\prod_{j=1}^{n} (2-\gamma_j)^{t_j} + \prod_{j=1}^{n} \gamma_j^{t_j}}$$

证毕。

情况 4.6　若 $k(t) = \ln \dfrac{\tau + (1-\tau)t}{t}$，则

$$\mathrm{GHFPHG}(h_1, h_2, \cdots, h_n) = t_1 h_1 \otimes t_2 h_2 \otimes \cdots \otimes t_n h_n$$

$$= \frac{\tau \prod_{j=1}^{n} \gamma_j^{t_j}}{\prod_{j=1}^{n} (1 + (\tau-1)(1-\gamma_j))^{t_j} + (\tau-1) \prod_{j=1}^{n} \gamma_j^{t_j}} \qquad (4\text{-}46)$$

GHFPHG 算子转变成犹豫模糊哈马克优先级混合几何（hesitant fuzzy Hamacher prioritized hybrid geometric，HFHPHG）算子。由上述的情况知：$\tau = 1$ 时，HFHPHG 算子转变为 HFPHG 算子；$\tau = 2$ 时，HFHPHG 算子转变成 HFEPHG 算子。

情况 4.6 的证明参考情况 4.4 和情况 4.5 的证明过程，在此省略。

4.2.3　基于广义犹豫模糊优先级混合算子的多属性群决策方法

本节利用广义犹豫模糊优先级集成算子构建一种考虑属性优先级的犹豫模糊多属性群决策方法。假设 $A = \{A_1, A_2, \cdots, A_m\}$ 为方案集，$G = \{G_1, G_2, \cdots, G_n\}$ 为存在优先级关系的属性集，如果 $G_1 \succ G_2 \succ \cdots \succ G_n$，则属性的优先级关系依次递减，$E = \{e_1, e_2, \cdots, e_p\}$ 为专家组。专家组 $E = \{e_1, e_2, \cdots, e_p\}$ 需要对方案 $A_i \in A$ 关于属性 $G_j \in G$ 给出具体的决策信息，按照犹豫模糊集的特点，重复的决策数据仅保留一个，剩余的决策信息就构成了犹豫模糊决策矩阵 $H = (h_{ij})_{m \times n}$。其中 $t_{ij}(i = 1, 2, \cdots, m; j = 1, 2, \cdots, n)$ 为第 i 个方案第 j 个属性的基于熵值的优先级混合权重，且 $t_{ij} \in [0,1], \sum_{j=1}^{n} t_{ij} = 1 (i = 1, 2, \cdots, m)$。

基于 GHFPHA 算子或 GHFPHG 算子的多属性群决策方法具体步骤如下。

（1）利用熵值计算属性数据的离散程度，然后在其基础上计算第 i 个方案第 j 个属性的基于熵值的优先级混合权重 $t_{ij}(i=1,2,\cdots,m; j=1,2,\cdots,n)$。

（2）利用不同情况下的 GHFPHA 算子或 GHFPHG 算子集成犹豫模糊矩阵 $H=(h_{ij})_{m\times n}$，求出候选方案 A_i 的综合表现值 $h_i(i=1,2,\cdots,m)$。

$$\text{GHFPHA}(h_1,h_2,\cdots,h_n)=t_1h_1\oplus t_2h_2\oplus\cdots\oplus t_nh_n=\cup_{\gamma_j\in h_j}\left\{l^{-1}\left(\sum_{j=1}^{n}w_jl(\gamma_j)\right)\right\} \quad (4\text{-}47)$$

或

$$\text{GHFPHG}(h_1,h_2,\cdots,h_n)=h_1^{t_1}\otimes h_2^{t_2}\otimes\cdots\otimes h_n^{t_n}=\cup_{\gamma_j\in h_j}\left\{k^{-1}\left(\sum_{j=1}^{n}t_jk(\gamma_j)\right)\right\} \quad (4\text{-}48)$$

（3）根据犹豫模糊集得分函数计算综合表现值 $h_i(i=1,2,\cdots,m)$ 的得分，按照得分函数 $s(h_i)(i=1,2,\cdots,m)$ 越大则方案越优的原则对候选方案 $A_i(i=1,2,\cdots,m)$ 进行降序排列。

数值算例　为加强学院师资基础教育建设、提高学院师资平均科研水平，某学院领导层决定引进具有优秀科研成果的高层次人才。假设在某一学科方向上现有五位候选人 $A_i(i=1,2,3,4,5)$ 投递简历，由于名额的限制，需要从五位候选人中选择最合适的一位，此时就需要对这五位候选人进行排序。从学院的实际情况出发，专家组拟从以下 4 个方面对其进行评价，即整体科研水平 G_1、个人思想品德 G_2、课堂教学能力 G_3、全日制受教育背景 G_4。若学院领导层给出属性的优先级如下：$G_1\succ G_2\succ G_3\succ G_4$。为了使得决策结果更加科学、合理，学院领导层邀请该学院学科方向带头人、校外相关领域专家以及相关实业界人士组成 6 人评审专家组。6 位专家 $E=\{e_1,e_2,e_3,e_4,e_5,e_6\}$ 分别给出每位候选人 $A_i(i=1,2,3,4,5)$ 所对应属性 $G_j(j=1,2,3,4)$ 的决策信息，如果在同一候选人的某一属性下 6 位专家给出的评价值有相等的，则删除属性中的重复数字，这样就构成了一个犹豫模糊决策矩阵 $H=(h_{ij})_{5\times 4}$，具体决策矩阵见表 4-2。

表 4-2　犹豫模糊决策矩阵（二）

	G_1	G_2	G_3	G_4
A_1	{0.4, 0.5, 0.7}	{0.5, 0.8, 0.9}	{0.3, 0.7, 0.9}	{0.4, 0.8}
A_2	{0.6, 0.8}	{0.4, 0.6, 0.8}	{0.4, 0.6, 0.7, 0.9}	{0.3, 0.5, 0.8}
A_3	{0.8}	{0.2, 0.3, 0.6, 0.7}	{0.3, 0.6}	{0.4, 0.7}
A_4	{0.5, 0.6, 0.7}	{0.3, 0.5}	{0.8, 0.9}	{0.2, 0.4, 0.5}
A_5	{0.3, 0.5, 0.7, 0.8}	{0.7}	{0.7, 0.9}	{0.2, 0.4, 0.8, 0.9}

方法一：为了对候选人进行排序，运用 GHFPHA 算子进行决策，假设 $k(t)=-\ln t$，则具体决策步骤如下。

（1）利用熵值计算属性数据的离散程度，得出属性熵值矩阵，见表 4-3。然后在其基础上计算第 i 位候选人第 j 个属性的基于熵值的优先级混合权重 $t_{ij}(i=1,2,3,4,5; j=1,2,3,4)$。

$$t_{ij}=\begin{bmatrix} 0.2574 & 0.2570 & 0.2433 & 0.2423 \\ 0.2564 & 0.2513 & 0.2513 & 0.2411 \\ 0.2662 & 0.2450 & 0.2444 & 0.2444 \\ 0.2607 & 0.2510 & 0.2510 & 0.2373 \\ 0.2570 & 0.2570 & 0.2541 & 0.2319 \end{bmatrix}$$

表 4-3　属性熵值矩阵

	G_1	G_2	G_3	G_4
A_1	0.9755	0.9742	0.9223	0.9183
A_2	0.9852	0.9656	0.9716	0.9320
A_3	1.0000	0.9206	0.9183	0.9457
A_4	0.9915	0.9544	0.9975	0.9432
A_5	0.9571	1.0000	0.9887	0.9024

（2）若 $k(t)=-\ln t$，则 GHFPHA 算子转化为

$$\begin{aligned} \text{GHFPHA}(h_1,h_2,h_3,h_4) &= t_1h_1 \oplus t_2h_2 \oplus t_3h_3 \oplus t_4h_4 \\ &= \cup_{\gamma_j \in h_j}\left(1-\prod_{j=1}^{4}(1-\gamma_j)^{t_j}\right) \end{aligned} \tag{4-49}$$

利用 GHFPHA 算子集成犹豫模糊矩阵 $H=(h_{ij})_{5\times4}$，得出候选人 $A_i(i=1,2,3,4,5)$ 的综合表现值 $h_i(i=1,2,3,4,5)$，下面以候选人 A_1 的综合表现值 h_1 为例，其他类似。

$h_1 = \{0.4056, 0.5163, 0.6298, 0.5445, 0.6294, 0.7163, 0.4328, 0.5385, 0.6467,$
　　　$0.5654, 0.6464, 0.7293, 0.5027, 0.5954, 0.6903, 0.6189, 0.6899, 0.7627,$
　　　$0.5303, 0.6178, 0.7074, 0.6401, 0.7071, 0.7758, 0.5518, 0.6353, 0.7209,$
　　　$0.6566, 0.7206, 0.7861, 0.6071, 0.6803, 0.7553, 0.6989, 0.7550, 0.8125,$
　　　$0.6069, 0.6802, 0.7552, 0.6988, 0.7549, 0.8124, 0.6250, 0.6948, 0.7664,$
　　　$0.7126, 0.7661, 0.8210, 0.6712, 0.7324, 0.7952, 0.7480, 0.7950, 0.8431\}$

（3）依据运算规则得出 $h_i(i=1,2,3,4,5)$ 的具体得分。

$$s(h_1)=0.6759, \; s(h_2)=0.6570, \; s(h_3)=0.6126$$
$$s(h_4)=0.6220, \; s(h_5)=0.7097$$

则 $s(h_5) \succ s(h_1) \succ s(h_2) \succ s(h_4) \succ s(h_3)$ 。

候选人排序结果为 $A_5 \succ A_1 \succ A_2 \succ A_4 \succ A_3$，因此，第五位候选人的综合素质最高。

方法二：为了对这五位候选人进行排序，应用 GHFPHA 算子且令 $k(t) = \ln\dfrac{2-t}{t}$，构建一种多属性群决策方法，详细步骤如下。

（1）见方法一中的步骤（1）。

（2）若 $k(t) = \ln\dfrac{2-t}{t}$，则 GHFPHA 算子转化为

$$\text{GHFPHA}(h_1, h_2, h_3, h_4) = t_1 h_1 \oplus t_2 h_2 \oplus t_3 h_3 \oplus t_4 h_4$$

$$= \cup_{\gamma_j \in h_j} \left\{ \frac{\prod_{j=1}^{4}(1+\gamma_j)^{t_j} - \prod_{j=1}^{4}(1-\gamma_j)^{t_j}}{\prod_{j=1}^{4}(1+\gamma_j)^{t_j} + \prod_{j=1}^{4}(1-\gamma_j)^{t_j}} \right\} \tag{4-50}$$

利用 GHFPHA 算子集成犹豫模糊矩阵 $H = (h_{ij})_{5\times4}$，得出候选人 $A_i(i=1,2,3,4,5)$ 的综合表现值 $h_i(i=1,2,3,4,5)$，本节仅以综合表现值 h_1 为例，其他类似。

$h_1 = \{0.4038, 0.5109, 0.6113, 0.5311, 0.6215, 0.7037, 0.4305, 0.5344, 0.6312,$
　　　$0.5540, 0.6409, 0.7197, 0.4948, 0.5903, 0.6779, 0.6081, 0.6867, 0.7569,$
　　　$0.5149, 0.6076, 0.6922, 0.6248, 0.7007, 0.7681, 0.5383, 0.6276, 0.7087,$
　　　$0.6441, 0.7168, 0.7811, 0.5938, 0.6747, 0.7471, 0.6895, 0.7543, 0.8110,$
　　　$0.5819, 0.6646, 0.7390, 0.6799, 0.7463, 0.8047, 0.6029, 0.6823, 0.7533,$
　　　$0.6969, 0.7603, 0.8158, 0.6525, 0.7237, 0.7866, 0.7366, 0.7928, 0.8414\}$

（3）根据犹豫模糊得分函数计算 $h_i(i=1,2,3,4,5)$ 的得分。

$$s(h_1) = 0.6660, \ s(h_2) = 0.6497, \ s(h_3) = 0.6005$$
$$s(h_4) = 0.6066, \ s(h_5) = 0.7009$$

则 $s(h_5) \succ s(h_1) \succ s(h_2) \succ s(h_4) \succ s(h_3)$ 。

候选人排序结果为 $A_5 \succ A_1 \succ A_2 \succ A_4 \succ A_3$，因此，第五位候选人仍然是最好的选择。

方法三：为了对这五位候选人进行排序，在 GHFPHG 算子的基础上给出一种多属性群决策方法，若令 $k(t) = -\ln t$，则其详细决策过程如下。

（1）见方法一中的步骤（1）。

（2）若 $k(t) = -\ln t$，则 GHFPHG 算子转化为

$$\text{GHFPHG}(h_1, h_2, h_3, h_4) = t_1 h_1 \otimes t_2 h_2 \otimes t_3 h_3 \otimes t_4 h_4 = \prod_{j=1}^{4} \gamma_j^{t_j} \tag{4-51}$$

利用 GHFPHG 算子集成犹豫模糊矩阵 $H=(h_{ij})_{5\times4}$，得出候选人 $A_i(i=1,2,3,4,5)$ 的综合表现值 $h_i(i=1,2,3,4,5)$，下面仅给出综合表现值 h_1，其他类似。

$$h_1 = \{0.3950, 0.4672, 0.4183, 0.4948, 0.4562, 0.5396, 0.4457, 0.5272, 0.4720,$$
$$0.5584, 0.5147, 0.6089, 0.4594, 0.5434, 0.4865, 0.5755, 0.5306, 0.6276,$$
$$0.4854, 0.5742, 0.5141, 0.6081, 0.5606, 0.6631, 0.5477, 0.6479, 0.5801,$$
$$0.6862, 0.6326, 0.7483, 0.5645, 0.6678, 0.5979, 0.7073, 0.6520, 0.7713,$$
$$0.5160, 0.6104, 0.5465, 0.6465, 0.5960, 0.7049, 0.5823, 0.6887, 0.6167,$$
$$0.7294, 0.6725, 0.7954, 0.6001, 0.7099, 0.6356, 0.7519, 0.6931, 0.8199\}$$

（3）依据运算规则得出 $h_i(i=1,2,3,4,5)$ 的具体得分。

$$s(h_1) = 0.5971, \quad s(h_2) = 0.6000, \quad s(h_3) = 0.5292$$
$$s(h_4) = 0.5155, \quad s(h_5) = 0.6311$$

则 $s(h_5) \succ s(h_2) \succ s(h_1) \succ s(h_3) \succ s(h_4)$。

候选人排序结果为 $A_5 \succ A_2 \succ A_1 \succ A_3 \succ A_4$，因此，第五位候选人仍为最好。

方法四：为了对候选人进行排序，在 GHFPHG 算子的基础上给出一种多属性群决策方法，若令 $k(t)=\ln\dfrac{2-t}{t}$，具体决策过程如下。

（1）见方法一中的步骤（1）。

（2）由 $k(t)=\ln\dfrac{2-t}{t}$ 可知：

$$\text{GHFPHG}(h_1, h_2, h_3, h_4) = t_1 h_1 \otimes t_2 h_2 \otimes t_3 h_3 \otimes t_4 h_4$$
$$= \frac{2\prod\limits_{j=1}^{4}\gamma_j^{t_j}}{\prod\limits_{j=1}^{4}(2-\gamma_j)^{t_j}+\prod\limits_{j=1}^{4}\gamma_j^{t_j}} \qquad (4\text{-}52)$$

利用 GHFPHG 算子集成犹豫模糊矩阵 $H=(h_{ij})_{5\times4}$，得出候选人 $A_i(i=1,2,3,4,5)$ 的综合表现值 $h_i(i=1,2,3,4,5)$，下面仅给出综合表现值 h_1，其他类似。

$$h_1 = \{0.3966, 0.4899, 0.5285, 0.4775, 0.5830, 0.6260, 0.4206, 0.5178, 0.5578,$$
$$0.5050, 0.6141, 0.6582, 0.4631, 0.5666, 0.6088, 0.5530, 0.6678, 0.7138,$$
$$0.4562, 0.5588, 0.6006, 0.5453, 0.6592, 0.7050, 0.4828, 0.5891, 0.6322,$$
$$0.5751, 0.6924, 0.7391, 0.5295, 0.6416, 0.6868, 0.6270, 0.7493, 0.7975,$$
$$0.4750, 0.5802, 0.6230, 0.5664, 0.6827, 0.7292, 0.5024, 0.6112, 0.6552,$$
$$0.5969, 0.7164, 0.7638, 0.5502, 0.6648, 0.7107, 0.6499, 0.7741, 0.8229\}$$

（3）依据犹豫模糊运算规则得出 $h_i(i=1,2,3,4,5)$ 的具体得分。

$$s(h_1) = 0.6091, \quad s(h_2) = 0.6092, \quad s(h_3) = 0.5423$$
$$s(h_4) = 0.5301, \quad s(h_5) = 0.6442$$

则 $s(h_5) \succ s(h_2) \succ s(h_1) \succ s(h_3) \succ s(h_4)$。

候选人排序结果为 $A_5 \succ A_2 \succ A_1 \succ A_3 \succ A_4$，因此，最优候选人为 A_5。

方法五：为了与现有方法进行对比，采用文献[5]中的 HFHA 算子构建犹豫模糊多属性群决策方法，假设权重数据已知且为方法一中所得权重，具体步骤如下。

（1）采用方法一中的第 i 位候选人第 j 个属性的基于熵值的优先级混合权重 $t_{ij}(i=1,2,3,4,5;j=1,2,3,4)$。

（2）由文献[5]可知 HFHA 算子为

$$\text{HFHA}(h_1,h_2,h_3,h_4) = t_1 h_1 \oplus t_2 h_2 \oplus t_3 h_3 \oplus t_4 h_4$$

$$= \cup_{\gamma_j \in h_j}\left(1 - \prod_{j=1}^{4}(1-\gamma_j)^{t_j}\right) \tag{4-53}$$

利用 HFHA 算子集成犹豫模糊矩阵 $H=(h_{ij})_{5\times4}$，得出候选人 $A_i(i=1,2,3,4,5)$ 的综合表现值 $h_i(i=1,2,3,4,5)$。由于数据过多，本书仅以综合表现值 h_1 为例，其他类似。

$$\begin{aligned}
h_1 = \{&0.4056,0.5163,0.6298,0.5445,0.6294,0.7163,0.4328,0.5385,0.6467,\\
&0.5654,0.6464,0.7293,0.5027,0.5954,0.6903,0.6189,0.6899,0.7627,\\
&0.5303,0.6178,0.7074,0.6401,0.7071,0.7758,0.5518,0.6353,0.7209,\\
&0.6566,0.7206,0.7861,0.6071,0.6803,0.7553,0.6989,0.7550,0.8125,\\
&0.6069,0.6802,0.7552,0.6988,0.7549,0.8124,0.6250,0.6948,0.7664,\\
&0.7126,0.7661,0.8210,0.6712,0.7324,0.7952,0.7480,0.7950,0.8431\}
\end{aligned}$$

（3）根据犹豫模糊得分函数计算 $h_i(i=1,2,3,4,5)$ 的得分。

$$s(h_1)=0.6759,\ s(h_2)=0.6570,\ s(h_3)=0.6126$$

$$s(h_4)=0.6220,\ s(h_5)=0.7097$$

则 $s(h_5) \succ s(h_1) \succ s(h_2) \succ s(h_4) \succ s(h_3)$。

候选人排序结果为 $A_5 \succ A_1 \succ A_2 \succ A_4 \succ A_3$，因此，最优候选人仍为 A_5。

在本算例中，利用 5 种方法计算的最优候选人全为 A_5，证明了本节所提方法的稳定性。此外，从具体排序结果中可以发现：①在同一广义集成算子（GHFPHA 算子或 GHFPHG 算子）中，当 $k(t)$ 的形式不同时，对决策结果并没有显著影响，排序结果完全相同；②当选择不同的几何算子和平均算子时，如果两个方案的得分接近，决策结果可能会有微小差异，GHFPHA 算子侧重于群体决策，而 GHFPHG 算子侧重于个体决策，决策者可以根据个人偏好进行选择；③本书所提的 GHFPHA 算子以及 GHFPHG 算子与文献[80]和文献[81]相比，不仅能够保持属性优先级恒定，而且将数据的离散程度融入其中，最终的决策结果具有良好的区分度。

4.3　考虑可信度和优先级的犹豫模糊集成算子及其应用

本节研究具有属性优先级且考虑可信度的犹豫模糊信息集成问题。考虑专家可信度的重要影响,本书首先给出考虑专家可信度与属性优先级的组合赋权方法,该类组合赋权方法既能保证属性优先级恒定,又可以有效区分专家意见的统一程度以及专家对属性的熟悉程度。之后,在考虑可信度与优先级的犹豫模糊组合赋权方法的基础上给出一类信息集成算子:CHFPHA 算子和 CHFPHG 算子,并给出该类算子的优良特性。利用数值算例验证本节所提方法的有效性和优越性。

4.3.1　基于具有可信度的犹豫模糊熵值的优先级组合赋权方法

1. 考虑可信度的犹豫模糊熵值算法

考虑专家组成员对该领域熟悉程度的重要影响,本书给出考虑专家可信度的犹豫模糊熵值算法,详细步骤如下。

(1)同度量化各属性内的犹豫模糊信息,计算第 j 个属性的第 s 个具有可信度 l_{js} 的犹豫模糊数 γ_{js} 的比重 w_{js}。

$$w_{js} = \frac{l_{js}\gamma_{js}}{\displaystyle\sum_{s=1}^{p} l_{js}\gamma_{js}} \tag{4-54}$$

(2)计算第 j 个属性的熵值 e'_j。

$$e'_j = -k\sum_{s=1}^{p} w_{js}\ln w_{js} \tag{4-55}$$

其中, $k>0$, $e'_j \geqslant 0$ 。如果第 j 个属性的数据全部相等,那么 $w_{js}=\dfrac{x_{js}}{\displaystyle\sum_{s=1}^{p} x_{js}}=\dfrac{1}{p}$,此

时 e'_j 最大,即 $e'_j = -k\displaystyle\sum_{s=1}^{p}\dfrac{1}{p}\ln\dfrac{1}{p}=k\ln p$,若设 $k=\dfrac{1}{\ln p}$,则有 $0\leqslant e'_j\leqslant 1$ 。

对于第 j 个属性,属性数据离散程度越小, e'_j 越大;当所有专家意见完全相同时, $e'_j = e'_{\max}=1$;当第 j 个属性数据离散程度很大时, e'_j 较小,由于专家意见争议较大,所起的作用应当较小。

2. 考虑属性优先级和可信度的组合赋权方法

为了考虑专家对该领域熟悉程度的影响,同时保证属性优先级恒定,在熵值的基础上给出一种组合赋权方法,具体步骤如下。

（1）专家组成员经过讨论给出属性优先级关系。

（2）按照序关系排列的相邻属性 x_j 与 x_{j+1} 的优先级程度 r'_j 如下：

$$r'_j = \begin{cases} e'_j / e'_{j+1}, & e'_j \geqslant e'_{j+1}(j=1,2,\cdots,n-1) \\ 1, & e'_j < e'_{j+1}(j=1,2,\cdots,n-1) \end{cases} \tag{4-56}$$

其中，令 $r'_n = 1$。

（3）计算按照序关系排列在第 k 个属性的权重 t'_k 为

$$t'_k = \frac{\prod\limits_{j=k}^{n} r'_j}{\sum\limits_{k=1}^{n} \prod\limits_{j=n-k+1}^{n} r'_j} \tag{4-57}$$

4.3.2　可信度诱导犹豫模糊优先级混合平均算子

考虑专家可信度的重要影响，在 HFPHA 算子的基础上结合可信度提出 CHFPHA 算子。

定义 4.5　设一组犹豫模糊数 $h_j(j=1,2,\cdots,n)$，$\forall \gamma_j \in h_j$，$l_j \in [0,1]$ 表示与 γ_j 相对应的可信度，设 CHFPHA：$\Omega_n \to \Omega$，若

$$\text{CHFPHA}(h_1,h_2,\cdots,h_n) = t'_1 l_1 \gamma_1 \oplus t'_2 l_2 \gamma_2 \oplus \cdots \oplus t'_n l_n \gamma_n \tag{4-58}$$

则称 CHFPHA 算子为可信度诱导犹豫模糊优先级混合平均算子，其中，$t'_j(j=1,2,\cdots,n)$ 为第 j 个属性的具有可信度的优先级混合权重，且 $t'_j \in [0,1]$，$\sum\limits_{j=1}^{n} t'_j = 1$。

利用数学归纳法可以得出以下定理。

定理 4.22　假设存在一组犹豫模糊数 $h_j(j=1,2,\cdots,n)$，$\forall \gamma_j \in h_j$，$l_j \in [0,1]$ 表示与 γ_j 相对应的可信度，则通过 CHFPHA 算子集结后仍然为犹豫模糊数，且

$$\text{CHFPHA}(h_1,h_2,\cdots,h_n) = \cup_{\gamma_j \in h_j}\left(1 - \prod_{j=1}^{n}(1-l_j\gamma_j)^{t'_j}\right) \tag{4-59}$$

其中，$t'_j(j=1,2,\cdots,n)$ 表示第 j 个属性的具有可信度的优先级混合权重。

证明　当 $n=2$ 时，由 $t'_j h_j = \cup_{\gamma_j \in h_j}(1-(1-l_j\gamma_j)^{t'_j})$，可得

$$\text{CHFPHA}(h_1,h_2) = t'_1 h_1 \oplus t'_2 h_2$$
$$= \cup_{\gamma_1 \in h_1,\gamma_2 \in h_2}\{1-(1-l_1\gamma_1)^{t'_1}(1-l_2\gamma_2)^{t'_2}\}$$

即当 $n=2$ 时，原式成立。

若当 $n=k$ 时，原式成立，即

$$\text{CHFPHA}(h_1,h_2,\cdots,h_k) = \cup_{\gamma_j \in h_j}\left(1 - \prod_{j=1}^{k}(1-l_j\gamma_j)^{t'_j}\right)$$

则当 $n = k + 1$ 时

$$\mathrm{CHFPHA}(h_1, h_2, \cdots, h_{k+1}) = \cup_{\gamma_j \in h_j} \left(1 - \prod_{j=1}^{k} (1 - l_j \gamma_j)^{t_j'} \right) \oplus t_{k+1}' h_{k+1}$$

$$= \cup_{\gamma_j \in h_j} \left(1 - \prod_{j=1}^{k} (1 - l_j \gamma_j)^{t_j'} \right)$$

$$\oplus \cup_{\gamma_{k+1} \in h_{k+1}} (1 - (1 - l_{k+1} \gamma_{k+1})^{t_{k+1}'})$$

$$= \cup_{\gamma_j \in h_j} \left(1 - \prod_{j=1}^{k+1} (1 - l_j \gamma_j)^{t_j'} \right)$$

即当 $n = k + 1$ 时，原式仍成立，则原式对任意的 n 都成立。

证毕。

很容易证明 CHFPHA 算子具有下列性质。

定理 4.23　若所有犹豫模糊数满足 $h_1 = h_2 = \cdots = h_n = h^*$，则有

$$\mathrm{CHFPHA}(h_1, h_2, \cdots, h_n) = h^* \tag{4-60}$$

定理 4.24　设一组犹豫模糊数 $h_j (j = 1, 2, \cdots, n)$，若 $r > 0$，则

$$\mathrm{CHFPHA}(rh_1, rh_2, \cdots, rh_n) = r\mathrm{CHFPHA}(h_1, h_2, \cdots, h_n) \tag{4-61}$$

定理 4.25　设一组犹豫模糊数 $h_j (j = 1, 2, \cdots, n)$，若 f 为一犹豫模糊数，ε 为 f 中的元素，则

$$\mathrm{CHFPHA}(h_1 \oplus f, h_2 \oplus f, \cdots, h_n \oplus f) = \mathrm{CHFPHA}(h_1, h_2, \cdots, h_n) \oplus f \tag{4-62}$$

定理 4.26　设一组犹豫模糊数 $h_j (j = 1, 2, \cdots, n)$，若 $r > 0$，f 为一犹豫模糊数，则

$$\mathrm{CHFPHA}(rh_1 \oplus f, rh_2 \oplus f, \cdots, rh_n \oplus f) = r\mathrm{CHFPHA}(h_1, h_2, \cdots, h_n) \oplus f \tag{4-63}$$

定理 4.27　设两组犹豫模糊数 $h_j (j = 1, 2, \cdots, n)$，$f_j (j = 1, 2, \cdots, n)$，则

$$\mathrm{CHFPHA}(h_1 \oplus f_1, h_2 \oplus f_2, \cdots, h_n \oplus f_n) = \mathrm{CHFPHA}(h_1, h_2, \cdots, h_n)$$
$$\oplus \mathrm{CHFPHA}(f_1, f_2, \cdots, f_n) \tag{4-64}$$

4.3.3　可信度诱导犹豫模糊优先级混合几何算子

基于 CHFPHA 算子以及几何平均算法，给出 CHFPHG 算子。

定义 4.6　假设存在一组犹豫模糊数 $h_j (j = 1, 2, \cdots, n)$，$\forall \gamma_j \in h_j$，$l_j \in [0,1]$ 表示与 γ_j 相对应的可信度，设 CHFPHG：$\Omega_n \to \Omega$，假设 CHFPHG 满足

$$\mathrm{CHFPHG}(h_1, h_2, \cdots, h_n) = (l_1 \gamma_1)^{t_1'} \otimes (l_2 \gamma_2)^{t_2'} \otimes \cdots \otimes (l_n \gamma_n)^{t_n'} \tag{4-65}$$

则称 CHFPHG 为可信度诱导犹豫模糊优先级混合几何算子，其中，$t_j' (j = 1, 2, \cdots, n)$ 为第 j 个属性的具有可信度的优先级混合权重，且 $t_j' \in [0,1]$，$\sum_{j=1}^{n} t_j' = 1$。

利用运算规则可以轻易地得出以下定理。

定理 4.28　假设存在一组犹豫模糊数 $h_j(j=1,2,\cdots,n)$，$\forall \gamma_j \in h_j$，$l_j \in [0,1]$ 表示与 γ_j 相对应的可信度，则通过 CHFPHG 算子集结后仍然为犹豫模糊数，且

$$\text{CHFPHG}(h_1,h_2,\cdots,h_n) = h_1^{t_1'} \otimes h_2^{t_2'} \otimes \cdots \otimes h_n^{t_n'} = \cup_{\gamma_j \in h_j}\left\{\prod_{j=1}^{n}(l_j\gamma_j)^{t_j'}\right\} \quad (4\text{-}66)$$

定理 4.29　若所有犹豫模糊数满足 $h_1 = h_2 = \cdots = h_n = h^*$，则有

$$\text{CHFPHG}(h_1,h_2,\cdots,h_n) = h^* \quad (4\text{-}67)$$

定理 4.30　设一组犹豫模糊数 $h_j(j=1,2,\cdots,n)$，若 $r>0$，f 为一犹豫模糊数，则

$$\text{CHFPHG}(h_1^r \otimes f, h_2^r \otimes f, \cdots, h_n^r \otimes f) = (\text{CHFPHG}(h_1,h_2,\cdots,h_n))^r \otimes f \quad (4\text{-}68)$$

定理 4.31　设两组犹豫模糊数 $h_j(j=1,2,\cdots,n)$，$f_j(j=1,2,\cdots,n)$，则

$$\text{CHFPHG}(h_1 \otimes f_1, h_2 \otimes f_2, \cdots, h_n \otimes f_n) = \text{CHFPHG}(h_1,h_2,\cdots,h_n)$$
$$\otimes \text{CHFPHG}(f_1,f_2,\cdots,f_n) \quad (4\text{-}69)$$

定理 4.32　设一组犹豫模糊数 $h_j(j=1,2,\cdots,n)$，则

$$\text{CHFPHG}(h_1,h_2,\cdots,h_n) \leqslant \text{CHFPHA}(h_1,h_2,\cdots,h_n) \quad (4\text{-}70)$$

4.3.4　基于可信度诱导犹豫模糊优先级混合算子的多属性群决策方法

基于可信度诱导犹豫模糊混合算子，本节给出一种考虑可信度并且具有属性偏好信息的犹豫模糊多属性群决策方法。设 $A = \{A_1, A_2, \cdots, A_m\}$ 为方案集，$G = \{G_1, G_2, \cdots, G_n\}$ 为属性集且存在优先级关系，如 $G_1 \succ G_2 \succ \cdots \succ G_n$，表明属性集的优先级关系依次递减。专家组给出每个方案 $A_i \in A$ 下的所有属性 $G_j \in G$ 的决策值，并给出每个决策值所对应的可信度，去掉完全一样的具有可信度的决策值，就构成了犹豫模糊决策矩阵 $H_l = (h_{ijk})_{m \times n \times p}$，$p$ 为属性中的犹豫模糊数个数，h_{ijk} 表示第 i 个方案第 j 个属性的第 k 个犹豫模糊数。假设 $t_{ij}'(i=1,2,\cdots,m; j=1,2,\cdots,n)$ 表示第 i 个方案第 j 个属性的具有可信度和优先级的混合权重。

基于 CHFPHA 算子或 CHFPHG 算子的多属性群决策方法步骤如下。

（1）首先利用式（4-57）计算第 i 个方案第 j 个属性的具有可信度和优先级的混合权重 $t_{ij}'(i=1,2,\cdots,m; j=1,2,\cdots,n)$。

（2）利用 CHFPHA 算子或 CHFPHG 算子集成犹豫模糊矩阵 $H = (h_{ij})_{m \times n}$，得出方案 A_i 的综合表现值 $h_i(i=1,2,\cdots,m)$。

$$h_i = \text{CHFPHA}(h_{i1},h_{i2},\cdots,h_{in}) = \cup_{\gamma_j \in h_j}\left\{1 - \prod_{j=1}^{n}(1 - l_j\gamma_j)^{t_j}\right\} \quad (4\text{-}71)$$

或

$$h_i = \text{CHFPHG}(h_{i1},h_{i2},\cdots,h_{in}) = \cup_{\gamma_j \in h_j}\left\{\prod_{j=1}^{n}(l_j\gamma_j)^{t_j}\right\} \quad (4\text{-}72)$$

（3）根据犹豫模糊得分函数计算 $h_i(i=1,2,\cdots,m)$ 的得分。得分函数 $s(h_i)$ 越大，所对应的方案 A_i 越优。

数值算例　应急预案即面对可能发生的突发事件而制定的一整套行动方案，目的是在遇到应急事件时使应急管理更为有序化。要全面客观地评判应急预案处置突发事件的能力，应该从应急预案的适用性、充分性、合理性以及快速性 4 个方面加以综合决策[144-147]。假设目前有 5 个应急预案 $A_i(i=1,2,3,4,5)$ 用来应对某突发事件，为了选择最合适的应急预案，决策领导小组准备从以下 4 个方面对其进行综合决策，即适用性 G_1、充分性 G_2、合理性 G_3、快速性 G_4。假设决策领导小组给出了具体的属性优先级关系：$G_1 \succ G_2 \succ G_3 \succ G_4$。为了选择出最适合的应急预案，决策领导小组决定邀请由高校学者、政府人员、公司人士等组成的 4 人专家组。专家组成员根据实际情况给出每个应急预案 $A_i \in A$ 下的所有属性 $G_j \in G$ 的决策值，并给出每个决策值所对应的可信度，去掉完全一样的具有可信度的决策值，构成犹豫模糊决策矩阵 $H_l = (h_{ijk})_{5 \times 4 \times p}$，具体犹豫模糊决策矩阵见表 4-4。

表 4-4　犹豫模糊决策矩阵（三）

	G_1	G_2	G_3	G_4
A_1	{(0.9, 0.4), (0.8, 0.5), (0.9, 0.7)}	{(0.8, 0.5), (1.0, 0.8)}	{(0.7, 0.6), (0.9, 0.7), (0.9, 0.9)}	{(0.8, 0.3), (0.8, 0.9)}
A_2	{(0.7, 0.6), (0.8, 0.7), (0.7, 0.8)}	{(0.6, 0.5), (0.8, 0.9)}	{(0.7, 0.4), (0.8, 0.6), (0.8, 0.7)}	{(1.0, 0.4), (0.9, 0.8)}
A_3	{(1.0, 0.6), (0.8, 0.9)}	{(0.6, 0.4), (0.7, 0.6)}	{(0.7, 0.2), (0.7, 0.3), (0.9, 0.5)}	{(0.9, 0.5), (0.7, 0.7)}
A_4	{(0.8, 0.5), (0.9, 0.6), (0.8, 0.7)}	{(0.8, 0.4), (0.7, 0.5)}	{(0.4, 0.8), (0.8, 0.9)}	{(0.6, 0.3), (0.7, 0.4), (0.9, 0.5)}
A_5	{(0.6, 0.6), (0.9, 0.7)}	{(0.9, 0.5), (1.0, 0.7)}	{(0.7, 0.7), (0.8, 0.8)}	{(0.9, 0.2), (0.7, 0.3), (0.7, 0.4)}

方法一：为了得到最优的应急预案，首先构建一种利用 CHFPHA 算子来处理犹豫模糊评价信息的多属性群决策方法，详细步骤如下。

（1）利用式（4-57）计算第 i 个应急预案第 j 个属性的具有可信度和优先级的混合权重 $t'_{ij}(i=1,2,3,4,5; j=1,2,3,4)$。

$$t'_{ij} = \begin{bmatrix} 0.2716 & 0.2568 & 0.2568 & 0.2149 \\ 0.2763 & 0.2433 & 0.2433 & 0.2370 \\ 0.2670 & 0.2540 & 0.2395 & 0.2395 \\ 0.2643 & 0.2643 & 0.2357 & 0.2357 \\ 0.2512 & 0.2498 & 0.2498 & 0.2491 \end{bmatrix}$$

（2）利用 CHFPHA 算子集成犹豫模糊矩阵 $H_l = (h_{ij})_{5 \times 4}$ 的第 i 行，得出应急预案 A_i 的综合表现值 $h_i(i=1,2,3,4,5)$，由于 h_i 中的数据过多，不一一列举，仅以应急预案 A_1 的综合表现值 h_1 为例，其他类似。

$$h_1 = \{0.3632, 0.4326, 0.5219, 0.3742, 0.4425, 0.5302, 0.4512, 0.5111, 0.5880,$$
$$0.5197, 0.5721, 0.6394, 0.5281, 0.5795, 0.6457, 0.5861, 0.6313, 0.6893,$$
$$0.4130, 0.4770, 0.5593, 0.4232, 0.4861, 0.5670, 0.4942, 0.5494, 0.6202,$$
$$0.5573, 0.6056, 0.6676, 0.5650, 0.6124, 0.6734, 0.6185, 0.6601, 0.7136\}$$

（3）根据犹豫模糊得分函数计算 $h_i(i=1,2,3,4,5)$ 的得分。

$$s(h_1) = 0.5519, \, s(h_2) = 0.5253, \, s(h_3) = 0.4644$$
$$s(h_4) = 0.4348, \, s(h_5) = 0.4907$$

则 $s(h_1) \succ s(h_2) \succ s(h_5) \succ s(h_3) \succ s(h_4)$。得分函数 $s(h_i)$ 越大，所对应的应急预案 A_i 越优，因此最优应急预案为 A_1。

方法二：为了选择最佳应急预案，在 CHFPHG 算子的基础上构建一种犹豫模糊多属性群决策方法，具体步骤如下。

（1）见方法一中的步骤（1）。

（2）利用 CHFPHG 算子集成犹豫模糊矩阵 $H_l = (h_{ij})_{5 \times 4}$ 的第 i 行，得出应急预案 A_i 的综合表现值 $h_i(i=1,2,3,4,5)$，由于 h_i 中的数据过多，不一一列举，仅以应急预案 A_1 的综合表现值 h_1 为例，其他类似。

$$h_1 = \{0.3527, 0.3914, 0.4175, 0.3629, 0.4027, 0.4296, 0.4106, 0.4556, 0.4860,$$
$$0.4214, 0.4676, 0.4988, 0.4336, 0.4812, 0.5133, 0.4905, 0.5444, 0.5807,$$
$$0.4093, 0.4542, 0.4845, 0.4212, 0.4674, 0.4986, 0.4765, 0.5288, 0.5640,$$
$$0.4891, 0.5427, 0.5789, 0.5032, 0.5585, 0.5957, 0.5693, 0.6318, 0.6739\}$$

（3）根据犹豫模糊得分函数计算 $h_i(i=1,2,3,4,5)$ 的得分。

$$s(h_1) = 0.4886, \, s(h_2) = 0.4872, \, s(h_3) = 0.3985$$
$$s(h_4) = 0.3920, \, s(h_5) = 0.4284$$

则 $s(h_1) \succ s(h_2) \succ s(h_5) \succ s(h_3) \succ s(h_4)$，因此最佳应急预案仍为 A_1。

方法三：为了选择最佳应急预案，不考虑可信度而选择文献[80]中的 HFPWA 算子进行集成，具体决策步骤如下。

（1）根据文献[43]，计算出每个属性对应的 $t_{ij}(i=1,2,3,4,5; j=1,2,3,4)$。

$$t_{ij} = \begin{bmatrix} 1.0000 & 0.5333 & 0.3467 & 0.2542 \\ 1.0000 & 0.7000 & 0.4900 & 0.2777 \\ 1.0000 & 0.7500 & 0.3750 & 0.1250 \\ 1.0000 & 0.6000 & 0.2700 & 0.2295 \\ 1.0000 & 0.6500 & 0.3900 & 0.2925 \end{bmatrix}$$

（2）利用 HFPWA 算子集成犹豫模糊矩阵 $H_l = (h_{ij})_{5 \times 4}$ 的第 i 行，得出应急预案 A_i 的综合表现值 $h_i(i=1,2,3,4,5)$，由于 h_i 中的数据过多，不一一列举，仅以应急预案 A_1 的综合表现值 h_1 为例，其他类似。

$$h_1 = \{0.4533, 0.4783, 0.5635, 0.4981, 0.5210, 0.5993, 0.6049, 0.6230, 0.6846,$$
$$0.5652, 0.5850, 0.6528, 0.6008, 0.6190, 0.6813, 0.6858, 0.7001, 0.7491,$$
$$0.5664, 0.5862, 0.6538, 0.6019, 0.6201, 0.6822, 0.6867, 0.7010, 0.7498,$$
$$0.6551, 0.6709, 0.7247, 0.6834, 0.6978, 0.7472, 0.7508, 0.7622, 0.8010\}$$

（3）根据犹豫模糊得分函数计算 $h_i(i = 1, 2, 3, 4, 5)$ 的得分。

$$s(h_1) = 0.6446, \quad s(h_2) = 0.6946, \quad s(h_3) = 0.6419$$
$$s(h_4) = 0.6018, \quad s(h_5) = 0.6301$$

则 $s(h_2) \succ s(h_1) \succ s(h_3) \succ s(h_5) \succ s(h_4)$，得分函数 $s(h_i)$ 越大，所对应的应急预案 A_i 越优，因此最佳应急预案为 A_2。

由上述结果可以发现，利用 CHFPHA 算子和 CHFPHG 算子所得到的排序结果完全一致，所选择的最优应急预案都是 A_1，客观上反映了本节所提方法的一致性和稳定性。该结果与文献[80]中利用 HFPWA 算子得到的结果相比区别较大，主要是因为文献[80]利用 HFPWA 算子所得到的结果会随着犹豫模糊集中的元素大小的变化而发生变化，与犹豫模糊集中的元素的离散程度以及专家对属性的熟悉程度无关。专家组成员所具有的知识、经验不同，因此，专家组成员在给出每个方案所对应的属性决策值时应当给出相应的可信度，而且属性信息的离散程度代表专家意见的统一程度，在信息集成算子中也应该有所体现，这样得到的结果才更加合理、可信。

4.4　本 章 小 结

本章研究了基于犹豫模糊集且具有属性优先级的信息集成问题。为了对犹豫模糊环境中群决策的不同专家给出的决策数据进行信息集成，本章首先给出了一种测量属性离散程度的熵值算法，并在其基础上结合属性优先级给出了一种组合赋权方法，该类组合赋权方法既能保证属性优先级恒定，又可以有效区分专家意见的统一程度，较好地体现了犹豫模糊数间的内在联系。其次，本章给出了几类犹豫模糊优先级混合算子：HFPHA 算子、HFPHG 算子、GHFPHA 算子和 GHFPHG 算子，基于这些算子构建了多属性群决策方法，并用数值算例验证了其有效性。再次，考虑专家可信度的重要影响，本章给出了一种同时考虑可信度与优先级的组合赋权方法，该类赋权方法既能考虑专家可信度和决策数据离散程度的影响，又能保持属性优先级恒定。最后，本章在该类组合赋权方法的基础上提出了两种同时考虑可信度和优先级的信息集成算子：CHFPHA 算子和 CHFPHG 算子。与文献[80]相比，本章所提的具有优先级的犹豫模糊信息集成算子具有更好的区分度，而且运算操作相对简单，从而可以有效地对备选方案进行抉择。

第5章 基于新型犹豫度的犹豫模糊测度方法及其应用

本章首先针对犹豫模糊（含区间）集中人为添加元素导致的主观性过强问题，基于犹豫模糊（含区间）信息给出一种考虑元素个数的改进犹豫度的概念，并给出改进符号距离的定义；其次，根据犹豫模糊（含区间）集中元素之间方差以及元素个数定义一种含有对数函数的犹豫度，并定义一种犹豫模糊（含区间）符号距离和符号相关性测度；再次，给出含有属性优先级的犹豫模糊（含区间）属性权重确定方法，利用加权符号距离对备选方案进行排序，并给出一类犹豫模糊优先级集成算子：犹豫模糊优先级相关性平均（hesitant fuzzy prioritized correlation averaging，HFPCA）算子和犹豫模糊优先级相关性几何（hesitant fuzzy prioritized correlation geometric，HFPCG）算子；最后，数值算例显示本章所提方法可行、有效且区分度明显。

5.1 基于符号距离和犹豫模糊信息的决策方法及其应用

5.1.1 基础理论

Torra[4]提出了解决多个可能评价值的犹豫模糊集。

定义 5.1 设有一个数据集合 $X = \{x_1, x_2, \cdots, x_n\}$ 为非空集，则犹豫模糊集可表示为

$$E = \{\langle x, h_E(x) \rangle \mid x \in X\} \tag{5-1}$$

其中，$h_E(x)$ 为在[0, 1]中可能的评价值。

为了测量犹豫程度，Zhang 和 Xu[87]给出了犹豫度和符号距离的基本定义。

定义 5.2 设有一个犹豫模糊集 $h = \{\gamma^i \mid i = 1, 2, \cdots, l_h\}$，第 i 个元素用 γ^i 表示，l_h 表示犹豫模糊数的最大个数，则犹豫度为

$$H(h) = \begin{cases} \dfrac{1}{C_{l_h}^2} \sum_{\lambda > \delta = 1}^{l_h} |\gamma^\lambda - \gamma^\delta|, & l_h > 1 \\ 0, & l_h = 1 \end{cases} \tag{5-2}$$

其中，$C_{l_h}^2 = \dfrac{1}{2} l_h(l_h - 1)$。

定义 5.3　设有一个犹豫模糊集 $h = \{\gamma^i \mid i = 1, 2, \cdots, l_h\}$，第 i 个元素用 γ^i 表示，l_h 表示犹豫模糊数的最大个数，则符号距离为

$$d_s(h, \overline{1}) = \begin{cases} \dfrac{1}{2}\left(\dfrac{1}{l_h}\sum_{i=1}^{l_h}(1-\gamma^i) + H(h)\right), & l_h > 1 \\[4mm] \dfrac{1}{2}(1-\gamma), & l_h = 1 \end{cases} \tag{5-3}$$

林松等[88]基于犹豫模糊数个数给出了一类优化后的符号距离定义。

定义 5.4　设有一个犹豫模糊集 $h = \{\gamma^i \mid i = 1, 2, \cdots, l_h\}$，第 i 个元素用 γ^i 表示，l_h 表示犹豫模糊数的最大个数，则优化后的符号距离为

$$d_{\overline{s}}(h, \overline{1}) = \frac{1}{2}\left(\frac{1}{l_h}\sum_{i=1}^{l_h}(1-\gamma^i) + \frac{1}{2}\left(\frac{1}{l_h}\sum_{i=1}^{l_h}\left(\gamma^i - \left(\frac{1}{l_h}\sum_{i=1}^{l_h}\gamma^i\right)\right)^2 + \left(1 - \frac{1}{l_h}\right)\right)\right) \tag{5-4}$$

Zhang 和 Xu[87]基于以上定义提出了对比规则。

定义 5.5　设有两个犹豫模糊集 h_1, h_2，最佳犹豫模糊信息为 $\overline{1}$，则

（1）$d_s(h_1, \overline{1}) > d_s(h_2, \overline{1})$ 时，$h_1 < h_2$；

（2）$d_s(h_1, \overline{1}) < d_s(h_2, \overline{1})$ 时，$h_1 > h_2$；

（3）$d_s(h_1, \overline{1}) = d_s(h_2, \overline{1})$ 时，$h_1 = h_2$。

5.1.2　基于新型符号距离的犹豫模糊多属性决策方法

犹豫模糊信息揭示了决策者的不同意见，具有很大的不确定性。为了有效测度这种不确定性，本书提出一种含有对数函数的新型犹豫度，并在此基础上给出新型犹豫模糊符号距离，之后将其应用于属性权重完全未知的犹豫模糊决策问题中。

1. 基于犹豫模糊信息的改进的符号距离

已有的符号距离测度方式在处理犹豫模糊信息时存在不精确、不全面的情况，主要表现为对元素个数的处理不到位，因此，这里给出一种改进的符号距离的定义。

例 5.1　设存在 3 个犹豫模糊集 $h_1 = (0.6, 0.7), h_2 = (0.6, 0.8)$ 和 $h_3 = (0.6, 0.7, 0.8)$，第 j 个元素用 γ_i^j 表示，则有

（1）$\gamma_1^1 = \gamma_2^1$，$\gamma_1^2 < \gamma_2^2$ 得 $h_1 < h_2$。

（2）犹豫模糊集的元素个数有差异[84]时，一般采用主动添加元素的行为。偏好风险时，$h_1 = (0.6, 0.7)$ 转变为 $h_1' = (0.6, 0.7, 0.7)$，由于 $\gamma_1^1 = \gamma_3^1$，$\gamma_1^2 = \gamma_3^2$，$\gamma_1^3 < \gamma_3^3$，则 $h_1 < h_3$。当规避风险或者中立风险时，显而易见，$h_1 < h_3$ 恒成立。

（3）h_2 与 h_3 中元素差异很大，则规避风险时，可得 $h_2 < h_3$；当其他选择时，则得 $h_2 > h_3$，决策结果差异很大。

因此，$h_1 < h_3 < h_2$。

由文献[89]中的符号距离公式可知

$$d_s(h_1,\overline{1}) = \frac{1}{2}\left(\frac{0.4+0.3}{2}+0.1\right)=0.225$$

$$d_s(h_2,\overline{1}) = \frac{1}{2}\left(\frac{0.4+0.2}{2}+0.2\right)=0.25$$

$$d_s(h_3,\overline{1}) = \frac{1}{2}\left(\frac{0.4+0.3+0.2}{3}+\frac{0.1+0.2+0.1}{3}\right)=0.217$$

则得 $h_2 < h_1 < h_3$，与上述决策结果不统一，证明决策结果有误。

如果采用文献[90]优化后的符号距离公式，可得

$$d_{\tilde{s}}(h_1,\overline{1}) = \frac{1}{2}\left(\frac{0.4+0.3}{2}+\frac{1}{2}(0.0025+0.5)\right)=0.301$$

$$d_{\tilde{s}}(h_2,\overline{1}) = \frac{1}{2}\left(\frac{0.4+0.2}{2}+\frac{1}{2}(0.01+0.5)\right)=0.278$$

$$d_{\tilde{s}}(h_3,\overline{1}) = \frac{1}{2}\left(\frac{0.4+0.3+0.2}{3}+\frac{1}{2}\left(\frac{0.02}{3}+\frac{2}{3}\right)\right)=0.318$$

则得 $h_3 < h_1 < h_2$，这个结果与实际情况仍然冲突。

如果使用文献[148]～文献[154]中的标准差公式可知符号距离公式如下：

$$d_{\overset{\vee}{s}}(h,\overline{1}) = \frac{1}{2}\left(\frac{1}{l_h}\sum_{i=1}^{l_h}(1-\gamma^i)+\left(\frac{1}{l_h}\sum_{i=1}^{l_h}\left(\gamma^i-\frac{1}{l_h}\sum_{i=1}^{l_h}\gamma^i\right)^2\right)^{1/2}\right) \quad (5\text{-}5)$$

则可得

$$d_{\overset{\vee}{s}}(h_1,\overline{1}) = \frac{1}{2}\left(\frac{0.4+0.3}{2}+0.05\right)=0.2$$

$$d_{\overset{\vee}{s}}(h_2,\overline{1}) = \frac{1}{2}\left(\frac{0.4+0.2}{2}+0.1\right)=0.2$$

$$d_{\overset{\vee}{s}}(h_3,\overline{1}) = \frac{1}{2}\left(\frac{0.4+0.3+0.2}{3}+\sqrt{\frac{0.02}{3}}\right)=0.191$$

决策结果为 $h_1 = h_2 < h_3$，仍然与实际情况不一致。

为解决这类对元素个数上的处理不到位的问题，给出一种相对平滑的犹豫度和符号距离的概念。

定义 5.6 假设有一组犹豫模糊集 $h = \{\gamma^i \mid i=1,2,\cdots,l_h\}$，第 i 个元素用 γ^i 表示，l_h 为犹豫模糊数的最大个数，则该类犹豫度为

$$\hat{H}(h) = \frac{1}{2}\left[\frac{1}{l_h}\sum_{i=1}^{l_h}\left(\gamma^i - \frac{1}{l_h}\sum_{i=1}^{l_h}\gamma^i\right)^2 + \sqrt{1 - \frac{1}{1+\ln l_h}}\right] \qquad (5\text{-}6)$$

该类犹豫度有以下性质。

性质 5.1　假设有一组犹豫模糊集 $h = \{\gamma^i \mid i = 1, 2, \cdots, l_h\}$，$h^c = \bigcup_{\gamma \in h}\{1-\gamma\}$ 表示补集，则有

（1）$0 \leqslant H(h) \leqslant 1$；

（2）$H(h) = H(h^c)$。

证明

（1）$0 \leqslant \hat{H}(h) \leqslant \frac{1}{2}\left(\frac{1 \times l_h}{l_h} + 1\right) = 1$；

（2）

$$\hat{H}(h^c) = \frac{1}{2}\left(\frac{1}{l_h}\sum_{i=1}^{l_h}\left(1-\gamma^i - \frac{1}{l_h}\sum_{i=1}^{l_h}(1-\gamma^i)\right)^2 + \sqrt{1 - \frac{1}{1+\ln l_h}}\right)$$

$$= \frac{1}{2}\left(\frac{1}{l_h}\sum_{i=1}^{l_h}\left(-\gamma^i + \left(\frac{1}{l_h}\sum_{i=1}^{l_h}\gamma^i\right)\right)^2 + \sqrt{1 - \frac{1}{1+\ln l_h}}\right) = \hat{H}(h)$$

定义 5.7　假设有一组犹豫模糊集 $h = \{\gamma^i \mid i = 1, 2, \cdots, l_h\}$，第 i 个元素用 γ^i 表示，l_h 为犹豫模糊数的最大个数，$\bar{1}$ 为最佳犹豫模糊集，则符号距离可表示为

$$d_{\hat{s}}(h, \bar{1}) = \frac{1}{2}\left(\frac{1}{l_h}\sum_{i=1}^{l_h}(1-\gamma^i) + \frac{1}{2}\left(\frac{1}{l_h}\sum_{i=1}^{l_h}\left(\gamma^i - \frac{1}{l_h}\sum_{i=1}^{l_h}\gamma^i\right)^2 + \sqrt{1 - \frac{1}{1+\ln l_h}}\right)\right) \quad (5\text{-}7)$$

该类符号距离有下列优良性质。

性质 5.2　假设有不同的犹豫模糊集 h, h_1, h_2，$\bar{1}$ 为最佳犹豫模糊集，则有

（1）$0 \leqslant d_s(h, \bar{1}) \leqslant 1$；

（2）$h = 1$ 当且仅当 $d_s(h, \bar{1}) = 0$。

证明

（1）$0 \leqslant d_{\hat{s}}(h, \bar{1}) = \frac{1}{2}\left(\frac{1}{l_h}\sum_{i=1}^{l_h}(1-\gamma^i) + \hat{H}(h)\right) \leqslant \frac{1}{2}(1+1) = 1$；

（2）假设 $h = \bar{1}$，有 $d_{\hat{s}}(h, \bar{1}) = \frac{1}{2}(0 + \hat{H}(h)) \leqslant \frac{1}{2}(0+0) = 0$；假设 $d_{\hat{s}}(h, \bar{1}) = 0$，有 $\frac{1}{l_h}\sum_{i=1}^{l_h}(1-\gamma^i) = 0$ 且 $\hat{H}(h) = 0$，则 $l_h = 1, \gamma^i = 1$，即 $h = \bar{1}$。

利用该类距离公式处理例 5.1 可知

$$d_{\hat{s}}(h_1,\overline{1})=\frac{1}{2}\left(\frac{0.4+0.3}{2}+\frac{1}{2}\left(0.0025+\sqrt{\frac{\ln 2}{1+\ln 2}}\right)\right)=0.336$$

$$d_{\hat{s}}(h_2,\overline{1})=\frac{1}{2}\left(\frac{0.4+0.2}{2}+\frac{1}{2}\left(0.01+\sqrt{\frac{\ln 2}{1+\ln 2}}\right)\right)=0.312$$

$$d_{\hat{s}}(h_3,\overline{1})=\frac{1}{2}\left(\frac{0.4+0.3+0.2}{3}+\frac{1}{2}\left(0.02+\sqrt{\frac{\ln 3}{1+\ln 3}}\right)\right)=0.333$$

则 $h_1<h_3<h_2$，与真实决策结果完全统一。

如果 $h_3=(0.6,0.7,0.8)$ 变换为 $h_3'=(0.6,0.7,0.9)$，可知 $d_{\hat{s}}(h_3',\overline{1})=0.318$，则 $h_1<h_3'<h_2$，与真实决策结果仍然完全统一，证明该类距离测度方法具有普适性。

如果全部更改为 $h_1''=(0.6,0.7,0.9),h_2''=(0.6,0.8,0.9),h_3''=(0.6,0.7,0.8,0.9)$，则

$$d_{\hat{s}}(h_1'',\overline{1})=\frac{1}{2}\left(\frac{0.4+0.3+0.1}{3}+\frac{1}{2}\left(0.0156+\sqrt{\frac{\ln 3}{1+\ln 3}}\right)\right)=0.318$$

$$d_{\hat{s}}(h_2'',\overline{1})=\frac{1}{2}\left(\frac{0.4+0.2+0.1}{3}+\frac{1}{2}\left(0.0156+\sqrt{\frac{\ln 3}{1+\ln 3}}\right)\right)=0.301$$

$$d_{\hat{s}}(h_3'',\overline{1})=\frac{1}{2}\left(\frac{0.4+0.3+0.2+0.1}{4}+\frac{1}{2}\left(0.025+\sqrt{\frac{\ln 4}{1+\ln 4}}\right)\right)=0.319$$

则 $h_3''<h_1''<h_2''$。定义 5.6 具有一定的有效性和普适性。

2. 基于犹豫模糊信息与优化后的符号距离的权重确定方法

设 $A=\{A_1,A_2,\cdots,A_m\}$ 表示方案集，$G=\{G_1,G_2,\cdots,G_n\}$ 表示属性集，$t=(t_1,t_2,\cdots,t_n)^{\mathrm{T}}$，$t_j\in[0,1],\sum_{j=1}^{n}t_j=1$ 表示属性权重。具体权重确定模型如模型 5.1 所示[107]。

模型 5.1 $$\begin{cases}\max f(t)=\sum_{i=1}^{m}\sum_{k=1}^{m}\sum_{j=1}^{n}|d_{\hat{s}}(h_{ij},\overline{1})-d_{\hat{s}}(h_{kj},\overline{1})|t_j\\ \text{s.t.}\sum_{j=1}^{n}t_j^2=1,\ 0\leqslant t_j\leqslant 1\end{cases}\qquad(5\text{-}8)$$

构造拉格朗日函数如下：

$$L(t,\lambda)=\sum_{i=1}^{m}\sum_{k=1}^{m}\sum_{j=1}^{n}|d_{\hat{s}}(h_{ij},\overline{1})-d_{\hat{s}}(h_{kj},\overline{1})|t_j+\frac{\lambda}{2}\left(\sum_{j=1}^{n}t_j^2-1\right)\qquad(5\text{-}9)$$

分别求偏导，且为 0，可知

$$\begin{cases} \dfrac{\delta L(t_j, \lambda)}{\delta t_j} = \displaystyle\sum_{i=1}^{m}\sum_{k=1}^{m} | d_{\hat{s}}(h_{ij}, \overline{1}) - d_{\hat{s}}(h_{kj}, \overline{1}) | + \lambda t_j = 0 \\[4mm] \dfrac{\delta L(t_j, \lambda)}{\delta \lambda} = \displaystyle\sum_{j=1}^{n} t_j^2 - 1 = 0 \end{cases} \qquad (5\text{-}10)$$

求解知

$$t_j = \frac{\displaystyle\sum_{i=1}^{m}\sum_{k=1}^{m} | d_{\hat{s}}(h_{ij}, \overline{1}) - d_{\hat{s}}(h_{kj}, \overline{1}) |}{\sqrt{\displaystyle\sum_{j=1}^{n}\left(\sum_{i=1}^{m}\sum_{k=1}^{m} | d_{\hat{s}}(h_{ij} - \overline{1}) - d_{\hat{s}}(h_{kj} - \overline{1}) |\right)^2}} \qquad (5\text{-}11)$$

单位化处理后即可得

$$t_j = \frac{\displaystyle\sum_{i=1}^{m}\sum_{k=1}^{m} | d_{\hat{s}}(h_{ij} - \overline{1}) - d_{\hat{s}}(h_{kj} - \overline{1}) |}{\displaystyle\sum_{j=1}^{n}\left(\sum_{i=1}^{m}\sum_{k=1}^{m} | d_{\hat{s}}(h_{ij} - \overline{1}) - d_{\hat{s}}(h_{kj} - \overline{1}) |\right)}, j = 1, 2, \cdots, n \qquad (5\text{-}12)$$

3. 基于以上方法和犹豫模糊信息的决策步骤

设 $A = \{A_1, A_2, \cdots, A_m\}$ 表示方案集，$G = \{G_1, G_2, \cdots, G_n\}$ 表示属性集，$t = (t_1, t_2, \cdots, t_n)^T$，$t_j \in [0, 1], \displaystyle\sum_{j=1}^{n} t_j = 1$ 表示属性权重。决策小组 $E = \{e_1, e_2, \cdots, e_p\}$ 给出可能的犹豫模糊决策值，就组成了犹豫模糊决策矩阵 $H = (h_{ij})_{m \times n}$。

具体决策步骤如下。

（1）决策小组针对备选方案给出可能的评价值，评估数据可组成犹豫模糊决策矩阵 $H = (h_{ij})_{m \times n}$。

（2）采用式（5-7）得出犹豫模糊符号距离测度数据，并采用模型 5.1 和式（5-12）求出属性权重 $t = (t_1, t_2, \cdots, t_n)^T$。

（3）得出具体的距离测度数据。

$$D_w(A_i, \overline{1}) = \sum_{j=1}^{n} d_{\hat{s}}(h_{ij}, \overline{1}) t_j, i = 1, 2, \cdots, m \qquad (5\text{-}13)$$

距离测度数据 $D_w(A_i, \overline{1})$ 越小，则备选方案 A_i 越佳。

5.1.3　数值算例分析

数值算例　假设 $A_i (i = 1, 2, 3, 4, 5)$ 表示 5 个备选方案以应对突发事件的影响，决策小组决定通过以下方面对备选方案进行综合评价，即有效性 G_1、迅速性 G_2、

完备性 G_3、节约性 G_4。决策小组各自给出犹豫模糊评估结果，之后综合成犹豫模糊决策矩阵 $H = (h_{ij})_{5\times 4}$。详细决策步骤如下。

（1）决策小组给出各自的犹豫模糊评价值，经过分析与综合得出犹豫模糊决策矩阵[88]，见表 5-1。

表 5-1　犹豫模糊决策矩阵（一）

	G_1	G_2	G_3	G_4
A_1	{0.3, 0.4, 0.5}	{0.1, 0.7, 0.8, 0.9}	{0.2, 0.4, 0.5}	{0.3, 0.5, 0.6, 0.9}
A_2	{0.3, 0.5}	{0.2, 0.5, 0.6, 0.7, 0.9}	{0.1, 0.5, 0.6, 0.8}	{0.3, 0.4, 0.7}
A_3	{0.6, 0.7}	{0.6, 0.9}	{0.3, 0.5, 0.7}	{0.4, 0.6}
A_4	{0.3, 0.4, 0.7, 0.8}	{0.2, 0.4, 0.7}	{0.1, 0.8}	{0.6, 0.8, 0.9}
A_5	{0.1, 0.3, 0.6, 0.7, 0.9}	{0.4, 0.6, 0.7, 0.8}	{0.7, 0.8, 0.9}	{0.3, 0.6, 0.7, 0.9}

（2）采用式（5-7）得出犹豫模糊优化后的符号距离，见表 5-2。

表 5-2　新型符号距离

	G_1	G_2	G_3	G_4
A_1	0.4825	0.4023	0.5014	0.4148
A_2	0.4625	0.4197	0.4568	0.4548
A_3	0.3356	0.2906	0.4375	0.4125
A_4	0.4262	0.4748	0.4656	0.3014
A_5	0.4567	0.3835	0.2825	0.3898

采用模型 5.1 和式（5-12）求出属性权重。

$$t = (0.2155, 0.2640, 0.3040, 0.2165)^{\mathrm{T}}$$

（3）采用式（5-13）得出具体的距离测度数据。

$$D_w(A_1, \overline{1}) = 4524, D_w(A_2, \overline{1}) = 4478$$

$$D_w(A_3, \overline{1}) = 3713, D_w(A_4, \overline{1}) = 4240, D_w(A_5, \overline{1}) = 3700$$

则 $A_5 \succ A_3 \succ A_4 \succ A_2 \succ A_1$，备选方案 A_5 最佳。

5.2　基于区间犹豫模糊信息和区间个数的决策方法及其应用

5.2.1　基础理论

Chen 等[59]基于区间犹豫模糊信息给出区间犹豫模糊集的概念。

定义 5.8 设 $X = \{x_1, x_2, \cdots, x_n\}$ 为一组非空集合，则区间犹豫模糊集如下：

$$E = \{\langle x, \tilde{h}_E(x) \rangle \mid x \in X\} \tag{5-14}$$

其中，$\tilde{h}_E(x) = \{\tilde{\gamma} \mid \tilde{\gamma} = [\gamma^L, \gamma^U] \in \tilde{h}_E(x)\}(\gamma^L \leqslant \gamma^U)$ 为[0, 1]中的可能区间集合值。

容易得出以下定义。

定义 5.9 设 $\tilde{h} = \{[\gamma^L, \gamma^U]\}$，$\tilde{h}_1 = \{[\gamma_1^L, \gamma_1^U]\}$，$\tilde{h}_2 = \{[\gamma_2^L, \gamma_2^U]\}$ 为区间犹豫模糊集，其中，$\lambda \geqslant 0$，则有

$$(\tilde{h})^\lambda = \{[(\gamma^L)^\lambda, (\gamma^U)^\lambda]\}$$

$$\lambda\tilde{h} = \{[1 - (1 - \gamma^L)^\lambda, 1 - (1 - \gamma^U)^\lambda]\}$$

$$\tilde{h}_1 \oplus \tilde{h}_2 = \{[\gamma_1^L + \gamma_2^L - \gamma_1^L\gamma_2^L, \gamma_1^U + \gamma_2^U - \gamma_1^U\gamma_2^U]\}$$

$$\tilde{h}_1 \otimes \tilde{h}_2 = \{[\gamma_1^L\gamma_2^L, \gamma_1^U\gamma_2^U]\}$$

$$\lambda(\tilde{h}_1 \oplus \tilde{h}_2) = \lambda\tilde{h}_1 \oplus \lambda\tilde{h}_2$$

$$(\tilde{h}_1 \otimes \tilde{h}_2)^\lambda = (\tilde{h}_1)^\lambda \otimes (\tilde{h}_2)^\lambda$$

定义 5.10 设 $\tilde{Z}_k = \{[Z_k^L, Z_k^U]\}(k = 1, 2, \cdots, n)$ 为一类区间数值集，且 $\lambda \geqslant 0$，则有

$$\tilde{Z}_k^c = \{[1 - Z_k^U, 1 - Z_k^L]\}$$

$$(\tilde{Z}_k)^\lambda = \{[(Z_k^L)^\lambda, (Z_k^U)^\lambda]\}$$

$$\lambda\tilde{Z}_k = \{[(Z_k^L)^\lambda, (Z_k^U)^\lambda]\}$$

$$\tilde{Z}_1 + \tilde{Z}_2 = \{[Z_1^L + Z_2^L, Z_1^U + Z_2^U]\}$$

$$\tilde{Z}_1 \times \tilde{Z}_2 = \{[Z_1^L \times Z_2^L, Z_1^U \times Z_2^U]\}$$

$$\tilde{Z}_1 = \tilde{Z}_2 \Leftrightarrow Z_1^L = Z_2^L, Z_1^U = Z_2^U$$

$$\overline{\tilde{Z}}_k = \frac{1}{2n}\sum_{k=1}^n (Z_k^L + Z_k^U)$$

$$S_{\tilde{Z}_k}^2 = \frac{1}{3n}\sum_{k=1}^n ((Z_k^L)^2 + (Z_k^U)^2 + Z_k^L \times Z_k^U) - \frac{1}{4n^2}\left(\sum_{k=1}^n (Z_k^L + Z_k^U)\right)^2$$

Zhang 和 Xu[87]为了测量多个可能值的犹豫程度给出了犹豫度以及符号距离的基本定义。

定义 5.11 设有一类犹豫模糊集 $h = \{\gamma^i \mid i = 1, 2, \cdots, l_h\}$，第 i 个元素用 γ^i 表示，l_h 表示犹豫模糊数的最大个数，则犹豫度为

$$H(h) = \begin{cases} \dfrac{1}{C_{l_h}^2} \displaystyle\sum_{\lambda > \delta = 1}^{l_h} |\gamma^\lambda - \gamma^\delta|, & l_h > 1 \\ 0, & l_h = 1 \end{cases}$$

其中，$C_{l_h}^2 = \dfrac{1}{2}l_h(l_h - 1)$。

定义 5.12　设有一个犹豫模糊集 $h = \{\gamma^i \mid i = 1, 2, \cdots, l_h\}$，第 i 个元素用 γ^i 表示，l_h 表示犹豫模糊数的最大个数，则符号距离为

$$d_s(h, \overline{1}) = \begin{cases} \dfrac{1}{2}\left(\dfrac{1}{l_h}\sum_{i=1}^{l_h}(1-\gamma^i) + H(h)\right), & l_h > 1 \\[3mm] \dfrac{1}{2}(1-\gamma), & l_h = 1 \end{cases}$$

林松等[88]为了测量元素个数的影响给出一类优化后的符号距离以及犹豫度的定义。

定义 5.13　设有一个犹豫模糊集 $h = \{\gamma^i \mid i = 1, 2, \cdots, l_h\}$，第 i 个元素用 γ^i 表示，l_h 表示犹豫模糊数的最大个数，则优化犹豫度为

$$\hat{H}(h) = \frac{1}{2}\left(\frac{1}{l_h}\sum_{i=1}^{l_h}\left(\gamma^i - \frac{1}{l_h}\sum_{i=1}^{l_h}\gamma^i\right)^2 + \left(1 - \frac{1}{l_h}\right)\right) \tag{5-15}$$

定义 5.14　设有一个犹豫模糊集 $h = \{\gamma^i \mid i = 1, 2, \cdots, l_h\}$，第 i 个元素用 γ^i 表示，l_h 表示犹豫模糊数的最大个数，最佳犹豫模糊信息为 $\overline{1}$，则优化符号距离为

$$d_{\tilde{s}}(h, \overline{1}) = \frac{1}{2}\left(\frac{1}{l_h}\sum_{i=1}^{l_h}(1-\gamma^i) + \frac{1}{2}\left(\frac{1}{l_h}\sum_{i=1}^{l_h}\left(\gamma^i - \left(\frac{1}{l_h}\sum_{i=1}^{l_h}\gamma^i\right)\right)^2 + \left(1 - \frac{1}{l_h}\right)\right)\right)$$

5.2.2　基于区间犹豫模糊数据值的决策方法

基于区间犹豫模糊数据值提出一种区间犹豫模糊犹豫度以及区间犹豫模糊符号距离测度的定义，并将其与优先级关系进行结合进而提出区间犹豫模糊决策方法。

1. 区间犹豫模糊符号距离

林松等[88]提出了一种优化的犹豫度的概念，目的是处理元素个数，但处理得不到位。本章提出一种基于区间数据值的优化区间犹豫模糊犹豫度以及区间犹豫模糊符号距离。

定义 5.15　设有一组基于区间数据值的犹豫模糊集 $\tilde{h} = \{\tilde{h}_i \mid \tilde{h}_i = [\gamma_i^L, \gamma_i^U] (i = 1, 2, \cdots, l_h)\}$，区间元素的最大个数为 $\tilde{l}_h$，则区间犹豫模糊犹豫度为

$$\check{H}(\tilde{h}) = \frac{1}{2}\left(S_{\tilde{h}}^2 + \left(1 - \frac{1}{l_h}\right)\right) \tag{5-16}$$

其中，

$$S_{\tilde{h}}^2 = \frac{1}{3l_h}\sum_{i=1}^{l_h}((\gamma_i^L)^2+(\gamma_i^U)^2+\gamma_i^L\times\gamma_i^U)-\frac{1}{4l_h^2}\left(\sum_{i=1}^{l_h}(\gamma_i^L+\gamma_i^U)\right)^2$$

表示区间数据值的方差。

定义 5.16　设有一组基于区间数据值的犹豫模糊集 $\tilde{h}=\{\tilde{h}_i\mid\tilde{h}_i=[\gamma_i^L,\gamma_i^U](i=1,2,\cdots,l_h)\}$，区间元素的最大个数为 $\tilde{l}_h$，则区间犹豫模糊符号距离为

$$d_s(\tilde{h},\overline{1})=\frac{1}{2}\left(\frac{1}{l_h}\sum_{i=1}^{l_h}(1-\overline{\tilde{h}_i})+\frac{1}{2}\left(S_{\tilde{h}}^2+\left(1-\frac{1}{l_h}\right)\right)\right) \tag{5-17}$$

然而，上述定义并未处理到位。若 $\tilde{h}_1=\{[0.1,0.2],[0.2,0.3]\}$，$\tilde{h}_2=\{[0.3,0.4]\}$，$\tilde{h}_3=\{[0.2,0.3],[0.3,0.4],[0.5,0.6]\}$，则 $S_{h_1}^2=0.0033, S_{h_2}^2=0.0008, S_{h_3}^2=0.0164$，区间犹豫模糊犹豫度分别为 $\check{H}(h_1)=\frac{0.0033+1/2}{2}=0.2517$，$\check{H}(h_2)=\frac{0.0008+0}{2}=0.0004$，$\check{H}(h_3)=\frac{0.0164+2/3}{2}=0.3415$。区间犹豫模糊符号距离分别为 $d_s(h_1,\overline{1})=0.5258$，$d_s(h_2,\overline{1})=0.3252, d_s(h_3,\overline{1})=0.4791$。由此可知，区间数据值的个数起到决定作用，与事实不太相符。

为了处理这个问题，本章提出一种相对平滑的区间犹豫模糊符号距离和区间犹豫模糊犹豫度，并详细研究其优良性质。

定义 5.17　设有一组基于区间数据值的犹豫模糊集 $\tilde{h}=\{\tilde{h}_i\mid\tilde{h}_i=[\gamma_i^L,\gamma_i^U](i=1,2,\cdots,l_h)\}$，区间元素的最大个数为 $\tilde{l}_h$，则相对平滑的区间犹豫模糊犹豫度为

$$\hat{H}(\tilde{h})=\frac{1}{2}\left(S_{\tilde{h}}^2+\sqrt{1-\frac{1}{1+\ln l_h}}\right) \tag{5-18}$$

其中，

$$S_{\tilde{h}}^2 = \frac{1}{3l_h}\sum_{i=1}^{l_h}((\gamma_i^L)^2+(\gamma_i^U)^2+\gamma_i^L\times\gamma_i^U)-\frac{1}{4l_h^2}\left(\sum_{i=1}^{l_h}(\gamma_i^L+\gamma_i^U)\right)^2$$

表示区间数据值的方差。

容易得出以下性质[88]。

性质 5.3　设有一组基于区间数据值的犹豫模糊集 $\tilde{h}=\{\tilde{h}_i\mid\tilde{h}_i=[\gamma_i^L,\gamma_i^U](i=1,2,\cdots,l_h)\}$，$\tilde{h}^c=\{\tilde{h}_i^c\mid\tilde{h}_i^c=[1-\gamma_i^U,1-\gamma_i^L](i=1,2,\cdots,l_h)\}$ 为补集，则有

（1）$0\leqslant\hat{H}(\tilde{h})\leqslant1$；

（2）$\hat{H}(\tilde{h})=\hat{H}(\tilde{h}^c)$。

证明

（1）$\frac{1}{2}(0+0)\leqslant\hat{H}(\tilde{h})\leqslant\frac{1}{2}(1+1)=1$ 显然成立；

（2）

$$S_{\tilde{h}^c}^2 = \frac{1}{3l_h}\sum_{i=1}^{l_h}((1-\gamma_i^L)^2 + (1-\gamma_i^U)^2 + (1-\gamma_i^L)\times(1-\gamma_i^U)) - \frac{1}{4l_h^2}\left(\sum_{i=1}^{l_h}(1-\gamma_i^L+1-\gamma_i^U)\right)^2$$

$$= \frac{1}{3l_h}\sum_{i=1}^{l_h}(3-3\gamma_i^L-3\gamma_i^U+(\gamma_i^L)^2+(\gamma_i^U)^2+\gamma_i^L\gamma_i^U) - \frac{1}{4l_h^2}\left(2l_h-\sum_{i=1}^{n}(\gamma_i^L+\gamma_i^U)\right)^2$$

$$= 1 - \frac{1}{l_h}\sum_{i=1}^{l_h}(\gamma_i^L+\gamma_i^U) + \frac{1}{3l_h}\sum_{i=1}^{l_h}((\gamma_i^L)^2+(\gamma_i^U)^2+\gamma_i^L\gamma_i^U)$$

$$\quad - \left(1 - \frac{1}{l_h}\sum_{i=1}^{l_h}(\gamma_i^L+\gamma_i^U) + \frac{1}{4l_h^2}\left(\sum_{i=1}^{n}(\gamma_i^L+\gamma_i^U)\right)^2\right)$$

$$= S_{\tilde{h}}^2$$

而 l_h 恒定不变，因此 $\hat{H}(\tilde{h}) = \hat{H}(\tilde{h}^c)$ 一直成立。

基于上述定义，可知区间犹豫模糊信息的符号距离如下。

定义 5.18　设有一组基于区间数据值的犹豫模糊集 $\tilde{h} = \{\tilde{h}_i \mid \tilde{h}_i = [\gamma_i^L, \gamma_i^U](i=1, 2,\cdots,l_h)\}$，区间元素的最大个数为 $\tilde{l}_h$，则改进的区间犹豫模糊符号距离为

$$d_{\hat{s}}(\tilde{h},\overline{1}) = \frac{1}{2}\left(\frac{1}{l_h}\sum_{i=1}^{l_h}(1-\overline{\tilde{h}_i}) + \frac{1}{2}\left(S_{\tilde{h}}^2 + \sqrt{1-\frac{1}{1+\ln l_h}}\right)\right) \tag{5-19}$$

容易得出以下性质。

性质 5.4　设有基于区间信息的犹豫模糊集 $\tilde{h},\tilde{h}_1,\tilde{h}_2$，则有

（1）$0 \le d_{\hat{s}}(\tilde{h},\overline{1}) \le 1$；

（2）$\tilde{h} = \{[1,1]\}$ 当且仅当 $d_{\hat{s}}(\tilde{h},\overline{1}) = 0$。

证明

（1）由 $0 \le \hat{H}(\tilde{h}) \le 1$，可得 $0 \le d_{\hat{s}}(\tilde{h},\overline{1}) = \frac{1}{2}\left(\frac{1}{l_h}\sum_{i=1}^{l_h}(1-\overline{\tilde{h}_i}) + \hat{H}(\tilde{h})\right) \le \frac{1}{2}(1+1) = 1$；

（2）如果 $\tilde{h} = \{[1,1]\}$，则可得 $d_{\hat{s}}(\tilde{h},\overline{1}) = \frac{1}{2}(0+\hat{H}(\tilde{h})) = \frac{1}{2}(0+0) = 0$；如果 $d_{\hat{s}}(\tilde{h},\overline{1}) = 0$，

则有 $\frac{1}{l_h}\sum_{i=1}^{l_h}(1-\overline{\tilde{h}_i}) = 0$ 和 $\hat{H}(\tilde{h}) = 0$，可知 $l_h=1, \gamma_i^L = \gamma_i^U = 1$，即 $\tilde{h} = \{[1,1]\}$。

2. 基于优先级关系的多属性权重求解方法

基于优先级关系的多属性权重求解方法的具体计算过程如下。

（1）决策小组给出属性优先级关系。

（2）计算优先级程度 r_j：

$$r_j = \begin{cases} e_j / e_{j+1}, e_j \geq e_{j+1}(j=1,2,\cdots,n-1) \\ 1, e_j < e_{j+1}(j=1,2,\cdots,n-1) \end{cases} \quad (5\text{-}20)$$

其中，令 $r_n = 1$。

（3）计算按照序关系排列在第 k 个属性的权重 t_k：

$$t_k = \frac{\prod\limits_{j=k}^{n} r_j}{\sum\limits_{k=1}^{n} \prod\limits_{j=n-k+1}^{n} r_j} \quad (5\text{-}21)$$

3. 基于区间值和犹豫模糊信息的多属性决策过程

设 $A=\{A_1,A_2,\cdots,A_m\}$ 表示备选方案集，$G=\{G_1,G_2,\cdots,G_n\}$ 表示属性集，$t=(t_1,t_2,\cdots,t_n)^{\mathrm{T}}$，$t_j \in [0,1], \sum\limits_{j=1}^{n} t_j = 1$ 表示区间值属性权重。决策小组 $E=\{e_1,e_2,\cdots,e_p\}$ 给出可能的犹豫模糊决策值，就组成了区间犹豫模糊决策矩阵 $H=(h_{ij})_{m\times n}$。

具体决策步骤如下。

（1）决策小组针对备选方案给出可能的区间评价值，组成区间犹豫模糊决策矩阵 $H=(h_{ij})_{m\times n}$。

（2）采用式（5-19）得出区间犹豫模糊符号距离测度数据，并采用式（5-21）求出区间值属性权重 $t=(t_1,t_2,\cdots,t_n)^{\mathrm{T}}$。

（3）得出具体的距离测度数据。

$$D_w(A_i,\overline{1}) = \sum_{j=1}^{n} d_{\hat{s}}(\widetilde{h_{ij}},\overline{1})t_j, i=1,2,\cdots,m$$

距离测度数据 $D_w(A_i,\overline{1})$ 越小，则备选方案 A_i 越佳。

5.2.3　数值算例分析

数值算例　假设 $A_i(i=1,2,3,4,5)$ 表示 5 个备选方案用来市场投资，分别为食品行业、汽车行业、软件行业、旅游行业和建筑行业，领导小组决定通过以下方面对备选方案进行综合评价，即安全系数 G_1、未来发展潜力 G_2、可替代性 G_3、收益率 G_4。决策小组各自给出区间犹豫模糊评估结果，之后综合成区间犹豫模糊决策矩阵 $H=(h_{ij})_{5\times 4}$。

详细计算过程如下。

（1）决策小组针对备选方案给出可能的区间评价值，组成区间犹豫模糊决策矩阵 $H=(h_{ij})_{5\times 4}$，见表 5-3。

表 5-3 区间犹豫模糊决策矩阵

	G_1	G_2	G_3	G_4
A_1	{[0.1, 0.2], [0.2, 0.3]}	{[0.3, 0.4], [0.4, 0.5]}	{[0.5, 0.8], [0.8, 0.9]}	{[0.3, 0.4]}
A_2	{[0.2, 0.3], [0.3, 0.4], [0.5, 0.6]}	{[0.2, 0.3], [0.3, 0.5]}	{[0.3, 0.4], [0.5, 0.6]}	{[0.5, 0.6], [0.7, 0.8]}
A_3	{[0.3, 0.6]}	{[0.2, 0.3], [0.3, 0.5]}	{[0.7, 0.8], [0.8, 0.9]}	{[0.3, 0.4]}
A_4	{[0.4, 0.5], [0.7, 0.8]}	{[0.1, 0.2]}	{[0.6, 0.8], [0.8, 0.9]}	{[0.5, 0.6]}
A_5	{[0.3, 0.4], [0.6, 0.8]}	{[0.4, 0.5]}	{[0.2, 0.3], [0.5, 0.6]}	{[0.6, 0.8]}

（2）采用式（5-19）得出区间犹豫模糊符号距离测度数据，见表 5-4，并采用式（5-21）求出区间值属性权重。

$$t = (0.3051, 0.2159, 0.1739, 0.3051)^{\mathrm{T}}$$

表 5-4 区间犹豫模糊符号距离

	G_1	G_2	G_3	G_4
A_1	0.5608	0.4608	0.2885	0.3252
A_2	0.4933	0.4994	0.3252	0.3377
A_3	0.2769	0.4994	0.2608	0.3252
A_4	0.3658	0.4252	0.2744	0.2252
A_5	0.4056	0.2752	0.4658	0.1508

（3）得出具体的距离测度数据为

$$D_w(A_1, \overline{1}) = 0.4200, D_w(A_2, \overline{1}) = 0.4179$$

$$D_w(A_3, \overline{1}) = 0.3369, D_w(A_4, \overline{1}) = 0.3198, D_w(A_5, \overline{1}) = 0.3102$$

由于距离测度数据 $D_w(A_5, \overline{1})$ 最小，则备选方案 A_5 最佳。

如果使用定义 5.16，详细运算过程如下。

（1）决策小组针对备选方案给出可能的区间评价值，组成区间犹豫模糊决策矩阵 $H = (h_{ij})_{m \times n}$，见表 5-3。

（2）采用定义 5.16 得出改进的区间犹豫模糊符号距离，见表 5-5。

表 5-5 改进的区间犹豫模糊符号距离

	G_1	G_2	G_3	G_4
A_1	0.5258	0.4258	0.2535	0.3252
A_2	0.4791	0.4644	0.3252	0.3027
A_3	0.2769	0.4644	0.2258	0.3252
A_4	0.3308	0.4252	0.2394	0.2252
A_5	0.3707	0.2752	0.4308	0.1508

按照式（5-21）计算出区间值属性权重：
$$t = (0.3178, 0.1822, 0.1822, 0.3178)^{\mathrm{T}}$$
（3）得出具体的距离测度数据为
$$D_w(A_1, \overline{1}) = 0.3942, D_w(A_2, \overline{1}) = 0.3923$$
$$D_w(A_3, \overline{1}) = 0.3171, D_w(A_4, \overline{1}) = 0.2978, D_w(A_5, \overline{1}) = 0.2944$$

由于距离测度数据 $D_w(A_5, \overline{1})$ 最小，最佳备选方案仍然是 A_5，表明了本书所提方法的稳定性和有效性。

5.3　基于优先级关系和符号相关性的犹豫模糊多属性决策方法及其应用

在多属性决策问题中，属性之间往往存在某种关联，如属性之间的优先级问题以及相互的影响等。针对犹豫模糊集中人为添加元素导致的主观性过强问题，本节提出一种基于符号相关性且考虑属性优先级的犹豫模糊决策方法。首先，根据犹豫模糊集元素之间的方差以及元素个数定义一种新型犹豫度，据此定义一种符号相关性测度，进而结合优先级集成算子，给出一类犹豫模糊优先级集成算子：HFPCA 算子和 HFPCG 算子，并将其应用于多传感器电子侦察多属性决策问题中。

5.3.1　基础理论

为了解决评价值出现的犹豫不决问题，Torra[4]定义了犹豫模糊集。

定义 5.19　假设有一个非空集合 $X = \{x_1, x_2, \cdots, x_n\}$，则犹豫模糊集为
$$E = \{\langle x, h_E(x)\rangle \mid x \in X\}$$
其中，$h_E(x)$ 是取值为[0, 1]的可能值。

根据犹豫模糊集的特点，Xia 和 Xu[5]给出了基于犹豫模糊数 h, h_1 和 h_2 的一些基本运算规则。

（1）$h^\lambda = \cup_{\gamma \in h}\{\gamma^\lambda\}$；

（2）$\lambda h = \cup_{\gamma \in h}\{1 - (1 - \gamma)^\lambda\}$；

（3）$h_1 \oplus h_2 = \cup_{\gamma_1 \in h_1, \gamma_2 \in h_2}\{\gamma_1 + \gamma_2 - \gamma_1\gamma_2\}$；

（4）$h_1 \otimes h_2 = \cup_{\gamma_1 \in h_1, \gamma_2 \in h_2}\{\gamma_1\gamma_2\}$。

各个属性之间一般存在一定的优先级关系，基于此，Wei[42]提出了 HFPWA 算子，定义如下。

定义 5.20　设 $h_j(j=1,2,\cdots,n)$ 为一组犹豫模糊数，则 HFPWA 算子定义如下：

$$\text{HFPWA}(h_1, h_2, \cdots, h_n) = \frac{T_1}{\sum\limits_{j=1}^{n} T_j} h_1 \oplus \frac{T_2}{\sum\limits_{j=1}^{n} T_j} h_2 \oplus \cdots \oplus \frac{T_n}{\sum\limits_{j=1}^{n} T_j} h_n$$

$$= \mathop{\oplus}\limits_{j=1}^{n} \left(\frac{T_j h_j}{\sum\limits_{j=1}^{n} T_j} \right) \tag{5-22}$$

其中，$T_j = \prod\limits_{k=1}^{j-1} s(h_k)(j = 2, 3, \cdots, n)$，$T_1 = 1$，$s(h_k)$ 为 h_k 的得分函数。

犹豫模糊数的个数以及大小往往反映了决策者的犹豫和偏差程度，基于此，林松等[88]给出了犹豫模糊犹豫度的概念。

定义 5.21　假设有一个犹豫模糊集 $h = \{\gamma^i \mid i = 1, 2, \cdots, l_h\}$，则犹豫模糊犹豫度可表示为

$$H(h) = \begin{cases} \dfrac{1}{C_{l_h}^2} \sum\limits_{\lambda > \delta = 1}^{l_h} |\gamma^\lambda - \gamma^\delta|, & l_h > 1 \\ 0, & l_h = 1 \end{cases}$$

其中，l_h 为 h 的犹豫模糊数的最大个数，第 i 小的元素用 γ^i 表示，$C_{l_h}^2 = \dfrac{1}{2} l_h(l_h - 1)$，各犹豫模糊数之间差值的个数用 $C_{l_h}^2$ 表示。犹豫度表示各犹豫模糊数之间差值的均值。

两个犹豫模糊集之间往往具有一定的相关性，Xu 和 Zhang[103]提出了犹豫模糊集相关性测度。

定义 5.22　设 h_1, h_2 为两个犹豫模糊集，则 h_1 与 h_2 之间的相关性测度表示为 $C(h_1, h_2)$，$C(h_1, h_2)$ 满足如下性质：

（1）$0 \leqslant C(h_1, h_2) \leqslant 1$；

（2）$C(h_1, h_2) = 1$ 当且仅当 $h_1 = h_2$；

（3）$C(h_1, h_2) = C(h_2, h_1)$。

基于犹豫模糊相关性测度，Xu 和 Zhang[103]给出了相应的对比分析规则。

定义 5.23　设有两个犹豫模糊集 h_1, h_2，最佳犹豫模糊集为 $\overline{1}$，则

（1）如果 $C(h_1, \overline{1}) > C(h_2, \overline{1})$，则 $h_1 < h_2$；

（2）如果 $C(h_1, \overline{1}) < C(h_2, \overline{1})$，则 $h_1 > h_2$；

（3）如果 $C(h_1, \overline{1}) = C(h_2, \overline{1})$，则 $h_1 = h_2$。

5.3.2　基于符号相关性的犹豫模糊优先级相关性集成算子

本节提出一种犹豫模糊符号相关性测度，并结合优先级关系提出一系列犹豫模糊优先级相关性集成算子。

1. 符号相关性的提出

为了对犹豫模糊多属性信息进行及时合理的处理，Xu 和 Zhang[103]基于犹豫模糊信息给出了相关性测度公式。然而，利用现有的犹豫模糊相关性测度公式对犹豫模糊集进行对比时，如果元素个数不统一，需要根据决策者风险态度人为添加元素，导致主观性过强。即使元素个数相等，由于未考虑元素个数以及离散程度的影响，所得结果与现实情况也未必符合。

例 5.2　假设 $h_1 = (0.5, 0.6)$，$h_2 = (0.5, 0.7)$ 和 $h_3 = (0.5, 0.6, 0.7)$ 为 3 个犹豫模糊集，设 γ_i^j 表示 h_i 中第 j 小的元素，则

（1）由 $\gamma_1^1 = \gamma_2^1$，$\gamma_1^2 < \gamma_2^2$ 可知 $h_1 < h_2$。

（2）当犹豫模糊集中的元素个数不同时，为了进行有效对比，按照现有的犹豫模糊运算规则，目前主要有三种添加方法：规避、中立、偏好。如果选择偏好风险，则 h_1 中的元素变为 $h_1' = (0.5, 0.6, 0.6)$，由 $\gamma_1^1 = \gamma_3^1$，$\gamma_1^2 = \gamma_3^2$，$\gamma_1^3 < \gamma_3^3$ 可知 $h_1 < h_3$。当选择规避风险以及中立风险时，对比结果更是如此，因此 $h_1 < h_3$ 恒成立。

（3）由于 h_2 与 h_3 中的元素均值相等，最小元素与最大元素也相同，h_3 仅比 h_2 多了一个等于均值的元素。因此，对比结果应当是 $h_3 < h_2$。

综上所述，可得 $h_1 < h_3 < h_2$。

若利用 Xu 和 Zhang[103]的犹豫模糊相关性测度公式进行对比，为了测量与理想值 $\bar{1}$ 的相关度，采用如下相关度测量公式：

$$C(h_1, h_2) = \frac{\sum_{i=1}^{l_h} (\gamma_1^{(i)} \gamma_2^{(i)})}{\max \left\{ \sum_{i=1}^{l_h} (\gamma_1^{(i)})^2, \sum_{i=1}^{l_h} (\gamma_2^{(i)})^2 \right\}} \tag{5-23}$$

由式（5-23）得

$$C(h_j, \bar{1}) = \frac{\sum_{i=1}^{l_h} (\gamma_j^{(i)})}{l_h} \tag{5-24}$$

则

$$C(h_1, \bar{1}) = 0.55, \quad C(h_2, \bar{1}) = 0.6, \quad C(h_3, \bar{1}) = 0.6$$

由定义 5.23 可知 $h_1 < h_2 = h_3$，与实际结果矛盾。

通过分析得知，Xu 和 Zhang[103]仅考虑了决策者的离散程度的影响，未考虑犹豫模糊集中元素个数对决策结果的细微影响，导致决策结果与直观认识情况不符。为解决这类问题，本节提出一种考虑元素个数的基于犹豫模糊信息的犹豫度概念，具体参考定义 5.6 和性质 5.1。基于新型犹豫度提出一种符号相关性测度。

定义 5.24　设 $h = \{\gamma^i \,|\, i = 1, 2, \cdots, l_h\}$ 为一个犹豫模糊集，γ^i 为 h 中第 i 小的元素，l_h 为 h 的元素个数，$\bar{1}$ 为最佳犹豫模糊集，则 h 的符号相关性测度如下：

$$C_{\hat{s}}(h, \bar{1}) = \frac{1}{2} \left(\frac{1}{l_h} \sum_{i=1}^{l_h} (\gamma^i) + \sqrt{\frac{\ln \hat{H}(h)}{\ln \hat{H}(h) - 1}} \right) \tag{5-25}$$

犹豫模糊符号相关性测度满足如下性质。

性质 5.5　设有 3 个犹豫模糊集分别为 h, h_1, h_2，$\bar{1}$ 为最佳犹豫模糊集，则

（1）$0 \leqslant C_s(h, \bar{1}) \leqslant 1$；

（2）$h = \bar{1}$ 当且仅当 $C_s(h, \bar{1}) = 1$；

（3）h_1 比 h_2 更远当且仅当 $C_s(h_1, \bar{1}) > C_s(h_2, \bar{1})$。

证明

（1）$0 \leqslant C_{\hat{s}}(h, \bar{1}) = \frac{1}{2} \left(\frac{1}{l_h} \sum_{i=1}^{l_h} (\gamma^i) + \hat{H}(h) \right) \leqslant \frac{1}{2}(1 + 1) = 1$；

（2）若 $h = \bar{1}$，由 $\lim\limits_{\hat{H}(h) \to 0} \sqrt{\dfrac{\ln \hat{H}(h)}{\ln \hat{H}(h) - 1}} = 1$，则 $C_{\hat{s}}(h, \bar{1}) = \frac{1}{2} \left(1 + \sqrt{\dfrac{\ln \hat{H}(h)}{\ln \hat{H}(h) - 1}} \right) \leqslant$

$\frac{1}{2}(1 + 1) = 1$；若 $C_{\hat{s}}(h, \bar{1}) = 1$，则 $\frac{1}{l_h} \sum_{i=1}^{l_h} (\gamma^i) = 1$ 且 $\hat{H}(h) \to 0$，求解可得 $l_h = 1, \gamma^i = 1$，即 $h = \bar{1}$。

（3）明显成立。

犹豫模糊符号相关性测度考虑了犹豫模糊集中元素之间的离散程度以及个数的双重影响，包含的范围更广，特别是在对元素个数的处理上比较到位，区别度明显，有效性也更高。例 5.2 中，$C_{\hat{s}}(h_1, \bar{1}) = 0.6396$，$C_{\hat{s}}(h_2, \bar{1}) = 0.6637$，$C_{\hat{s}}(h_3, \bar{1}) = 0.6542$ 则由定义 5.23 中的相关性对比规则可知，$h_1 < h_3 < h_2$，与实际结果相一致。

若以上 3 个犹豫模糊集分别变更为 $h_1'' = (0.5, 0.6, 0.8)$，$h_2'' = (0.5, 0.7, 0.8)$ 和 $h_3'' = (0.5, 0.6, 0.7, 0.8)$，则 $C_{\hat{s}}(h_1'', \bar{1}) = 0.6698$，$C_{\hat{s}}(h_2'', \bar{1}) = 0.6865$，$C_{\hat{s}}(h_3'', \bar{1}) = 0.6738$，由定义 5.23 中的相关性对比规则可知，$h_1'' < h_3'' < h_2''$，与实际结果仍然具有一致性，即在犹豫模糊集中元素的期望逼近 1、方差小、元素个数相当的情况下，定义 5.24 仍然适用，并且效果较好。由此可见，定义 5.24 适用范围比较广。

2. 犹豫模糊优先级相关性平均算子

基于犹豫模糊符号相关性测度，并考虑优先级的影响，本节提出一种新型的优先级集成算子：HFPCA 算子。

定义 5.25　设 $h_j (j = 1, 2, \cdots, n)$ 为一组犹豫模糊数，$\forall \gamma_j \in h_j$，设 HFPCA：$\Omega_n \to \Omega$，若

$$\text{HFPCA}(h_1, h_2, \cdots, h_n) = t_1 h_1 \oplus t_2 h_2 \oplus \cdots \oplus t_n h_n \tag{5-26}$$

其中，$t_j = \dfrac{T_j}{\sum\limits_{j=1}^{n} T_j}(j=1,2,\cdots,n)$ 表示第 j 个属性的权重，$T_j = \prod\limits_{k=1}^{j-1} C_{\hat{s}}(h_k, \bar{1})(j=2,3,\cdots,$

$n)$，$T_1 = 1$，$C_{\hat{s}}(h_k, \bar{1})$ 为 h_k 的符号相关性测度，则称 HFPCA 算子为犹豫模糊优先级相关性平均算子。

容易得出以下定理。

定理 5.1　设犹豫模糊数 $h_j(j=1,2,\cdots,n)$，$\forall \gamma_j \in h_j$，则经过 HFPCA 算子集结后的数仍然是犹豫模糊数，且

$$\text{HFPCA}(h_1, h_2, \cdots, h_n) = \cup_{\gamma_j \in h_j} \left(1 - \prod_{j=1}^{n} (1 - \gamma_j)^{t_j} \right) \tag{5-27}$$

其中，$t_j(j=1,2,\cdots,n)$ 表示第 j 个属性的权重。

证明

当 $n=2$ 时，由于 $t_j h_j = \cup_{\gamma_j \in h_j} (1-(1-\gamma_j)^{t_j})$，则

$$\text{HFPCA}(h_1, h_2) = t_1 h_1 \oplus t_2 h_2$$
$$= \cup_{\gamma_1 \in h_1, \gamma_2 \in h_2} \{ 1 - (1-\gamma_1)^{t_1}(1-\gamma_2)^{t_2} \}$$

即 $n=2$ 时，原式成立。

若当 $n=k$ 时，原式成立，即

$$\text{HFPCA}(h_1, h_2, \cdots, h_k) = \cup_{\gamma_j \in h_j} \left(1 - \prod_{j=1}^{k} (1 - \gamma_j)^{t_j} \right)$$

则 $n=k+1$ 时

$$\text{HFPCA}(h_1, h_2, \cdots, h_{k+1}) = \cup_{\gamma_j \in h_j} \left(1 - \prod_{j=1}^{k} (1 - \gamma_j)^{t_j} \right) \oplus t_{k+1} h_{k+1}$$

$$= \cup_{\gamma_j \in h_j} \left(1 - \prod_{j=1}^{k} (1 - \gamma_j)^{t_j} \right) \oplus \cup_{\gamma_{k+1} \in h_{k+1}} (1 - (1-\gamma_{k+1})^{t_{k+1}})$$

$$= \cup_{\gamma_j \in h_j} \left(1 - \prod_{j=1}^{k+1} (1 - \gamma_j)^{t_j} \right)$$

即当 $n=k+1$ 时，原式仍然成立。

证毕。

定理 5.2　设 $h_j(j=1,2,\cdots,n)$ 为一组犹豫模糊数，若 $h_1 = h_2 = \cdots = h_n = h^*$，则有

$$\text{HFPCA}(h_1, h_2, \cdots, h_n) = h^* \tag{5-28}$$

定理 5.3　设 $h_j(j=1,2,\cdots,n)$ 为一组犹豫模糊数，若 $h^- = \min\limits_{j}(h_j), h^+ = \max\limits_{j}(h_j)$，则

$$h^- \leqslant \mathrm{HFPCA}(h_1, h_2, \cdots, h_n) \leqslant h^+ \qquad (5\text{-}29)$$

定理 5.4　设 $h_j(j=1,2,\cdots,n)$ 为一组犹豫模糊数，若 $r>0$，f 为一个犹豫模糊数，则

$$\mathrm{HFPCA}(rh_1 \oplus f, rh_2 \oplus f, \cdots, rh_n \oplus f) = r\mathrm{HFPCA}(h_1, h_2, \cdots, h_n) \oplus f \quad (5\text{-}30)$$

定理 5.5　设 $h_j(j=1,2,\cdots,n)$，$f_j(j=1,2,\cdots,n)$ 为两组犹豫模糊数，则

$$\begin{aligned}\mathrm{HFPCA}(h_1 \oplus f_1, h_2 \oplus f_2, \cdots, h_n \oplus f_n) &= \mathrm{HFPCA}(h_1, h_2, \cdots, h_n) \\ &\oplus \mathrm{HFPCA}(f_1, f_2, \cdots, f_n)\end{aligned} \qquad (5\text{-}31)$$

3. 犹豫模糊优先级相关性几何算子

HFPCG 算子定义如下。

定义 5.26　设 $h_j(j=1,2,\cdots,n)$ 为一组犹豫模糊数，$\forall \gamma_j \in h_j$，设 $\mathrm{HFPCG}:\Omega_n \to \Omega$，若

$$\mathrm{HFPCG}(h_1, h_2, \cdots, h_n) = \gamma_1^{t_1} \otimes \gamma_2^{t_2} \otimes \cdots \otimes \gamma_n^{t_n} \qquad (5\text{-}32)$$

其中，$t_j = \dfrac{T_j}{\sum\limits_{j=1}^{n} T_j}(j=1,2,\cdots,n)$ 表示第 j 个属性的权重，$T_j = \prod\limits_{k=1}^{j-1} C_{\hat{s}}(h_k, \overline{1})(j=2,3,\cdots,n)$，$T_1 = 1$，$C_{\hat{s}}(h_k, \overline{1})$ 为 h_k 的符号相关性测度，则称 HFPCG 算子为犹豫模糊优先级相关性几何算子。

容易得出以下定理。

定理 5.6　设 $h_j(j=1,2,\cdots,n)$ 为一组犹豫模糊数，$\forall \gamma_j \in h_j$，则经过 HFPCG 算子处理后仍是犹豫模糊数，且

$$\mathrm{HFPCG}(h_1, h_2, \cdots, h_n) = h_1^{t_1} \otimes h_2^{t_2} \otimes \cdots \otimes h_n^{t_n} = \cup_{\gamma_j \in h_j} \left\{ \prod_{j=1}^{n} \gamma_j^{t_j} \right\} \qquad (5\text{-}33)$$

证明过程在此省略。

定理 5.7　设 $h_j(j=1,2,\cdots,n)$ 为一组犹豫模糊数，若 $h_1 = h_2 = \cdots = h_n = h^*$，则有

$$\mathrm{HFPCG}(h_1, h_2, \cdots, h_n) = h^* \qquad (5\text{-}34)$$

定理 5.8　设 $h_j(j=1,2,\cdots,n)$ 为一组犹豫模糊数，若 $r>0$，f 为一个犹豫模糊数，则

$$\mathrm{HFPCG}(h_1^r \otimes f, h_2^r \otimes f, \cdots, h_n^r \otimes f) = (\mathrm{HFPCG}(h_1, h_2, \cdots, h_n))^r \otimes f \quad (5\text{-}35)$$

定理 5.9　设 $h_j(j=1,2,\cdots,n)$，$f_j(j=1,2,\cdots,n)$ 为两组犹豫模糊数，则

$$\begin{aligned}\mathrm{HFPCG}(h_1 \otimes f_1, h_2 \otimes f_2, \cdots, h_n \otimes f_n) &= \mathrm{HFPCG}(h_1, h_2, \cdots, h_n) \\ &\otimes \mathrm{HFPCG}(f_1, f_2, \cdots, f_n)\end{aligned} \qquad (5\text{-}36)$$

定理 5.10　设 $h_j(j=1,2,\cdots,n)$ 为一组犹豫模糊数，则

$$\mathrm{HFPCG}(h_1, h_2, \cdots, h_n) \leqslant \mathrm{HFPCA}(h_1, h_2, \cdots, h_n) \qquad (5\text{-}37)$$

4. 基于此类优先级相关性算子的犹豫模糊多属性决策方法

假设方案集为 $A = \{A_1, A_2, \cdots, A_m\}$，属性集为 $G = \{G_1, G_2, \cdots, G_n\}$ 且 $G_1 \succ G_2 \succ \cdots \succ G_n$，表示优先级。利用专家组 $E = \{e_1, e_2, \cdots, e_p\}$ 给出犹豫模糊决策信息，就组成了一个决策矩阵 $H = (h_{ij})_{m \times n}$。令 $t_{ij}(i = 1, 2, \cdots, m; j = 1, 2, \cdots, n)$ 表示第 i 个方案第 j 个属性的权重。

基于 HFPCA 算子和 HFPCG 算子的犹豫模糊决策步骤如下。

（1）基于符号相关性计算符号相关性测度。

（2）基于符号相关性和优先级关系计算第 i 个方案第 j 个属性的权重 $t_{ij}(i = 1, 2, \cdots, m; j = 1, 2, \cdots, n)$。

（3）基于 HFPCA 算子或 HFPCG 算子得出方案 A_i 的得分函数 $s(h_i)(i = 1, 2, \cdots, m)$。得分函数 $s(h_i)$ 越大，相应的方案 A_i 越优。

5.3.3　数值算例分析

数值算例　假设各电子侦察传感器上报给融合中心共 5 类机载平台 $A_i(i = 1, 2, 3, 4, 5)$，每类机载平台具有 4 个属性[149]，即脉冲重频 G_1、载频 G_2、功率 G_3、脉宽 G_4。已知属性优先级排序如下：$G_3 \succ G_2 \succ G_4 \succ G_1$。融合中心需要根据以上 4 个属性对具有不确定性的 5 类机载平台进行多属性融合判定。电子侦察设备测出每类机载平台 $A_i \in A$ 关于每个属性 $G_j \in G$ 的观测值，组成一个犹豫模糊决策矩阵 $H = (h_{ij})_{5 \times 4}$，如 $h_{21} = \{0.3, 0.5\}$ 表示第 2 类机载平台在脉冲重频方面有 0.3 和 0.5 这 2 个不同的观测数据。

为了获得机载平台类型，具体多属性决策步骤如下。

（1）电子侦察设备测出每类机载平台 $A_i \in A$ 关于每个属性 $G_j \in G$ 的观测值。为了便于进行直接比较，本书采用文献[90]的犹豫模糊决策矩阵，见表 5-6。

表 5-6　犹豫模糊决策矩阵（二）

	G_1	G_2	G_3	G_4
A_1	{0.3, 0.4, 0.5}	{0.1, 0.7, 0.8, 0.9}	{0.2, 0.4, 0.5}	{0.3, 0.5, 0.6, 0.9}
A_2	{0.3, 0.5}	{0.2, 0.5, 0.6, 0.7, 0.9}	{0.1, 0.5, 0.6, 0.8}	{0.3, 0.4, 0.7}
A_3	{0.6, 0.7}	{0.6, 0.9}	{0.3, 0.5, 0.7}	{0.4, 0.6}
A_4	{0.3, 0.4, 0.7, 0.8}	{0.2, 0.4, 0.7}	{0.1, 0.8}	{0.6, 0.8, 0.9}
A_5	{0.1, 0.3, 0.6, 0.7, 0.9}	{0.4, 0.6, 0.7, 0.8}	{0.7, 0.8, 0.9}	{0.3, 0.6, 0.7, 0.9}

（2）计算符号相关性测度，见表 5-7。

表 5-7　符号相关性矩阵

	G_1	G_2	G_3	G_4
A_1	0.5542	0.6509	0.5365	0.6321
A_2	0.5637	0.6309	0.5924	0.5849
A_3	0.6896	0.7373	0.6018	0.6137
A_4	0.6202	0.5666	0.5753	0.7365
A_5	0.5974	0.6602	0.7542	0.6571

（3）得出具有优先级的属性权重，见表 5-8。

表 5-8　具有优先级的属性权重

	G_1	G_2	G_3	G_4
A_1	0.1048	0.2547	0.4747	0.1658
A_2	0.1001	0.2711	0.4577	0.1711
A_3	0.1175	0.2596	0.4314	0.1914
A_4	0.1121	0.2687	0.4670	0.1522
A_5	0.1269	0.2924	0.3877	0.1930

（4）利用 HFPCA 算子或 HFPCG 算子集成犹豫模糊决策矩阵 $H = (h_{ij})_{5 \times 4}$，得出 A_i 的得分函数 $s(A_i)(i = 1, 2, 3, 4, 5)$，根据 $s(A_i)$ 对各类机载平台进行排序。

①若利用 HFPCA 算子集成犹豫模糊决策矩阵 $H = (h_{ij})_{5 \times 4}$，则得出 A_i 的得分函数如下：

$$s(A_1) = 0.5867, s(A_2) = 0.5993$$

$$s(A_3) = 0.6549, s(A_4) = 0.6079, s(A_5) = 0.6933$$

得分函数 $s(A_i)$ 越大，相应的机载平台 A_i 越优，则 $A_5 \succ A_3 \succ A_4 \succ A_2 \succ A_1$。因此，最优机载平台为 A_5。

②若利用 HFPCG 算子集成犹豫模糊决策矩阵 $H = (h_{ij})_{5 \times 4}$，则得出 A_i 的得分函数如下：

$$s(A_1) = 0.5811, s(A_2) = 0.5983$$

$$s(A_3) = 0.6470, s(A_4) = 0.6000, s(A_5) = 0.6858$$

具体排序仍为 $A_5 \succ A_3 \succ A_4 \succ A_2 \succ A_1$。因此，最优机载平台仍然是 A_5。

若基于文献[105]和犹豫模糊符号相关性进行多属性决策，步骤如下。

（1）利用式（5-25）计算符号相关性测度，见表 5-7。

（2）利用文献[105]中的权重确定模型计算第 j 个属性的权重 $t_j(j=1,2,3,4)$。

$$t_j = [0.2172, 0.2460, 0.3066, 0.2301]^T$$

（3）利用 HFWA 算子集成犹豫模糊决策矩阵 $H=(h_{ij})_{5\times 4}$，得出 A_i 的综合表现值。

$$s(h_1) = 0.5905, s(h_2) = 0.5939, s(h_3) = 0.6570$$
$$s(h_4) = 0.6200, s(h_5) = 0.6747$$

$A_5 \succ A_3 \succ A_4 \succ A_2 \succ A_1$，最优机载平台仍为 A_5。

5.4　本　章　小　结

本章基于犹豫模糊（含区间）信息给出了一类优化后的符号距离概念，研究了存在多属性优先级关系的基于犹豫模糊（含区间）信息的经济管理多属性决策问题，以及基于符号相关性并具有优先级关系的犹豫模糊集成问题。主要结论如下。

（1）利用犹豫模糊（含区间）信息集合方差和可能评价值的个数定义了相对平滑的优化犹豫度的概念以及优化符号距离的概念，数值算例表明该类方法无须人为添加元素（含区间），且区分度和有效性明显。

（2）利用离差最大化方法给出了一种基于优化后的犹豫模糊（含区间）距离数据的属性权重求解方法，并详细研究了求解数据的合理性和普适性，之后给出了一种基于犹豫模糊（含区间）的优化距离测度多属性决策方法，并进行了验证。

（3）针对多目标多属性的决策问题，研究了属性之间具有优先级关系的犹豫模糊（含区间）决策问题，利用区间犹豫模糊信息和区间犹豫模糊符号距离以及优先级关系提出了一种混合的权重确定方法，并利用该类区间测度数据对所有备选方案进行了合理抉择。

（4）基于犹豫模糊信息提出了一种犹豫模糊符号相关性的概念，基于犹豫模糊符号相关性和优先级关系提出了 HFPCA 算子和 HFPCG 算子，并利用该类集成算子对备选方案进行了排序。该种方法无须人为添加元素，还考虑了属性可能存在的优先级关系，通过对比发现决策结果具有较好的区分度和稳定性。

第6章 权重未知的犹豫模糊综合评价方法及其应用

随着现代科技社会的高速发展，专家组自身的知识背景以及社会阅历不同，很难做到对每个知识领域都很熟悉，因此用可信度来评判专家对该领域的熟悉程度具有一定的必然性，研究具有可信度的犹豫模糊决策方法以及应用具有很高的实用价值。进行多属性综合决策，有时需要专家组大概给出选定属性的权重，基于时间压力、知识和数据的缺乏以及决策者专长有限等情况，由专家组提供的属性权重信息往往是不完全的。因此，如何通过已知的评价信息来进行方案排序优选是一个有趣而且重要的问题。本章主要研究具有可信度与优先级的犹豫模糊决策方法，并提出两种不完全信息属性权重确定方法：基于具有可信度的犹豫模糊关联度的属性权重确定方法、加权变异率修正不完全 G1 组合赋权方法，并给出各自对应的犹豫模糊多属性决策方法及其实例应用。

6.1 考虑可信度且属性权重未知的犹豫模糊决策方法

目前，在多属性决策方法中属性权重的确定方法比较多，由于属性权重的确定比较敏感，如何科学、合理地选择属性权重确定方法成为重中之重。本节充分考虑专家组对属性的熟悉程度，针对是否具有方案偏好构建两种属性权重确定模型。

6.1.1 考虑可信度的犹豫模糊关联度

定义 6.1[80, 128] 设犹豫模糊集 h_1, h_2，则其关联度满足如下条件：

（1）$0 \leqslant |C(h_1, h_2)| \leqslant 1$；

（2）若 $h_1 = h_2$，则 $C(h_1, h_2) = 1$；

（3）$C(h_1, h_2) = C(h_2, h_1)$。

由于 h_1, h_2 中的元素个数可能不同，为了进行有效运算，应在元素少的犹豫模糊集里添加元素直到集合里的元素个数达到 $k = \max(k_1, k_2)$，其中，k_1, k_2 分别表示犹豫模糊集 h_1, h_2 中相应元素的个数。添加元素的基本原则是根据个人风险偏好选择适当的元素添加，如果偏好风险则添加集合中数值最大的元素，如果规避风险则添加集合中数值最小的元素。

基于定义 6.1，Xu 和 Xia[80, 128] 给出了如下关于犹豫模糊集的关联度公式：

$$C_1(h_1, h_2) = \frac{\sum\limits_{j=1}^{l} \gamma_1^{\sigma(j)} \cdot \gamma_2^{\sigma(j)}}{\max\left\{\sum\limits_{j=1}^{l}(\gamma_1^{\sigma(j)})^2, \sum\limits_{j=1}^{l}(\gamma_2^{\sigma(j)})^2\right\}} \qquad (6\text{-}1)$$

$$C_2(h_1, h_2) = \frac{\sum\limits_{j=1}^{l} \gamma_1^{\sigma(j)} \cdot \gamma_2^{\sigma(j)}}{\left(\sum\limits_{j=1}^{l}(\gamma_1^{\sigma(j)})^2 \cdot \sum\limits_{j=1}^{l}(\gamma_2^{\sigma(j)})^2\right)^{1/2}} \qquad (6\text{-}2)$$

其中，$\gamma_1^{\sigma(j)}, \gamma_2^{\sigma(j)}$ 分别为犹豫模糊集 h_1, h_2 中的第 j 小的元素；l 为犹豫模糊集 h_1, h_2 中元素的个数。

下面给出另外一种关联度公式：

$$C_3(h_1, h_2) = \frac{\sum\limits_{j=1}^{l} \gamma_1^{\sigma(j)} \cdot \gamma_2^{\sigma(j)}}{\left(\sum\limits_{j=1}^{l}(\gamma_1^{\sigma(j)})^2 + \sum\limits_{j=1}^{l}(\gamma_2^{\sigma(j)})^2\right)\Big/2} \qquad (6\text{-}3)$$

式（6-1）～式（6-3）具有以下关系。

性质 6.1　对于任意两个犹豫模糊集 h_1, h_2，犹豫模糊关联度 $C_i(h_1, h_2), i = 1, 2, 3$ 满足如下关系：

$$C_2(h_1, h_2) \leqslant C_3(h_1, h_2) \leqslant C_1(h_1, h_2) \qquad (6\text{-}4)$$

证明　由不等式 $\sqrt{ab} \leqslant \dfrac{a+b}{2} \leqslant \max\{a, b\}, a, b \geqslant 0$ 可得

$$\left(\sum\limits_{j=1}^{l}(\gamma_1^{\sigma(j)})^2 \cdot \sum\limits_{j=1}^{l}(\gamma_2^{\sigma(j)})^2\right)^{1/2} \leqslant \left(\sum\limits_{j=1}^{l}(\gamma_1^{\sigma(j)})^2 + \sum\limits_{j=1}^{l}(\gamma_2^{\sigma(j)})^2\right)\Big/2$$

$$\leqslant \max\left\{\sum\limits_{j=1}^{l}(\gamma_1^{\sigma(j)})^2, \sum\limits_{j=1}^{l}(\gamma_2^{\sigma(j)})^2\right\}$$

则

$$\frac{\sum\limits_{j=1}^{l} \gamma_1^{\sigma(j)} \cdot \gamma_2^{\sigma(j)}}{\left(\sum\limits_{j=1}^{l}(\gamma_1^{\sigma(j)})^2 \cdot \sum\limits_{j=1}^{l}(\gamma_2^{\sigma(j)})^2\right)^{1/2}} \leqslant \frac{\sum\limits_{j=1}^{l} \gamma_1^{\sigma(j)} \cdot \gamma_2^{\sigma(j)}}{\left(\sum\limits_{j=1}^{l}(\gamma_1^{\sigma(j)})^2 + \sum\limits_{j=1}^{l}(\gamma_2^{\sigma(j)})^2\right)\Big/2}$$

$$\leqslant \frac{\sum\limits_{j=1}^{l} \gamma_1^{\sigma(j)} \cdot \gamma_2^{\sigma(j)}}{\max\left\{\sum\limits_{j=1}^{l}(\gamma_1^{\sigma(j)})^2, \sum\limits_{j=1}^{l}(\gamma_2^{\sigma(j)})^2\right\}}$$

证毕。

考虑专家可信度的重要影响，本节给出考虑可信度的犹豫模糊关联度。

定义 6.2[100]　假设存在两个犹豫模糊集 $h(x_1), h(x_2), k = \max(k_1, k_2)$，其中，$k_1, k_2$ 分别为 $h(x_1), h(x_2)$ 中元素的个数。$\forall \gamma_i \in h(x_i)$ 有可信度 $l_i = [0,1], i = 1, 2$，则称

$$C_l^1 = \frac{\sum_{j=1}^{k}(l_1^{\tau(j)}\gamma_1^{\tau(j)})(l_2^{\tau(j)}\gamma_2^{\tau(j)})}{\max\left\{\sum_{j=1}^{k}(l_1^{\tau(j)}\gamma_1^{\tau(j)})^2, \sum_{j=1}^{k}(l_2^{\tau(j)}\gamma_2^{\tau(j)})^2\right\}} \tag{6-5}$$

$$C_l^2 = \frac{\sum_{j=1}^{k}(l_1^{\tau(j)}\gamma_1^{\tau(j)})(l_2^{\tau(j)}\gamma_2^{\tau(j)})}{\left(\sum_{j=1}^{k}(l_1^{\tau(j)}\gamma_1^{\tau(j)})^2 \cdot \sum_{j=1}^{k}(l_2^{\tau(j)}\gamma_2^{\tau(j)})^2\right)^{1/2}} \tag{6-6}$$

$$C_l^3 = \frac{\sum_{j=1}^{k}(l_1^{\tau(j)}\gamma_1^{\tau(j)})(l_2^{\tau(j)}\gamma_2^{\tau(j)})}{\left(\sum_{j=1}^{k}(l_1^{\tau(j)}\gamma_1^{\tau(j)})^2 + \sum_{j=1}^{k}(l_2^{\tau(j)}\gamma_2^{\tau(j)})^2\right)\bigg/ 2} \tag{6-7}$$

为基于可信度的犹豫模糊关联度，其中 $\gamma_i^{\tau(j)}(j = 1, 2, \cdots, k)$ 为 $h(x_i)(i = 1, 2)$ 中第 j 小的元素，$l_i^{\tau(j)}$ 为与 $\gamma_i^{\tau(j)}$ 相应的可信度。

性质 6.2　对于任意两个犹豫模糊集 h_1, h_2，犹豫模糊关联度 $C_l^i(h_1, h_2), i = 1, 2, 3$ 满足如下关系：

$$C_l^2(h_1, h_2) \leqslant C_l^3(h_1, h_2) \leqslant C_l^1(h_1, h_2) \tag{6-8}$$

定义 6.3　对于任意两个犹豫模糊集 $h(x_1), h(x_2), k = \max(k_1, k_2)$，其中，$k_1, k_2$ 分别为 $h(x_1), h(x_2)$ 中元素的个数。$\forall \gamma_i \in h(x_i)$ 有可信度 $l_i = [0,1], i = 1, 2$，则称

$$C_r^1 = \frac{\sum_{j=1}^{k}(l_1^{(j)}\gamma_1^{\tau(j)})(l_2^{(j)}\gamma_2^{\tau(j)})}{\max\left\{\sum_{j=1}^{k}(l_1^{(j)}\gamma_1^{\tau(j)})^2, \sum_{j=1}^{k}(l_2^{(j)}\gamma_2^{\tau(j)})^2\right\}} \tag{6-9}$$

$$C_r^2 = \frac{\sum_{j=1}^{k}(l_1^{(j)}\gamma_2^{\tau(j)})(l_2^{(j)}\gamma_2^{\tau(j)})}{\left(\sum_{j=1}^{k}(l_1^{(j)}\gamma_1^{\tau(j)})^2 \cdot \sum_{j=1}^{k}(l_2^{(j)}\gamma_2^{\tau(j)})^2\right)^{1/2}} \tag{6-10}$$

$$C_r^3 = \frac{\sum_{j=1}^{k}(l_1^{(j)}\gamma_1^{\tau(j)})(l_2^{(j)}\gamma_2^{\tau(j)})}{\left(\sum_{j=1}^{k}(l_1^{(j)}\gamma_1^{\tau(j)})^2 + \sum_{j=1}^{k}(l_2^{(j)}\gamma_2^{\tau(j)})^2\right)\bigg/ 2} \tag{6-11}$$

为基于可信度的犹豫模糊关联度，其中，$\gamma_i^{\tau(j)}(j=1,2,\cdots,k)$ 为 $h(x_i)(i=1,2)$ 中第 j 小的元素，$l_i^{\tau(j)}$ 为与 $\gamma_i^{\tau(j)}$ 相应的可信度，$l_i^{(j)}=n\times\dfrac{l_i^{\tau(j)}}{\displaystyle\sum_{i=1}^k l_i^{\tau(j)}}$ 为与 $\gamma_i^{\tau(j)}$ 相应的相对可信度。

性质 6.3　对于任意两个犹豫模糊集 h_1,h_2，犹豫模糊关联度 $C_r^i(h_1,h_2),i=1,2,3$ 满足如下关系：

$$C_r^2(h_1,h_2)\leqslant C_r^3(h_1,h_2)\leqslant C_r^1(h_1,h_2) \tag{6-12}$$

决策者可以根据实际情况选择关联度公式中的算术平均、几何平均以及取最大值。

6.1.2　基于具有可信度的犹豫模糊关联度的属性权重确定方法

考虑犹豫模糊环境下的多属性综合评价问题。设 $A=\{A_1,A_2,\cdots,A_m\}$ 为方案集，$G=\{G_1,G_2,\cdots,G_n\}$ 为属性集，$a_{ij}(i=1,2,\cdots,m;j=1,2,\cdots,n)$ 为第 i 个方案第 j 个属性的集成值，$t=(t_1,t_2,\cdots,t_n)$ 为属性权重，且 $t_j\in[0,1],\displaystyle\sum_{j=1}^n t_j=1$，$t^*=(t_1^*,t_2^*,\cdots,t_n^*)$ 为最优属性权重，且 $t_j^*\in[0,1],\displaystyle\sum_{j=1}^n t_j^*=1$。专家组提出的权重不完全信息用 H 表示。

方法一：专家组对备选方案没有偏好，即不考虑方案偏好的属性权重确定方法。

假设 $C_1(A_i,A^*)(i=1,2,\cdots,m)$ 是方案 $A_i(i=1,2,\cdots,m)$ 与理想值 A^* 的关联度，$C_1(A_i,A^*)$ 的定义见定义 6.1，$A^*=(a_1^*,a_2^*,\cdots,a_n^*)$ 为每个方案的综合属性值中的理想值的集合。一般来说，方案 $A_i(i=1,2,\cdots,m)$ 的实际评价值与理想值 A^* 总有一定的差距，因此，$C_1(A_i,A^*)$ 越大，A_i 越接近 A^*，也就是说方案 A_i 越好。因此，合理的权重应该使得 $C_1(A_i,A^*)(i=1,2,\cdots,m)$ 尽可能大。基于此，构建模型 6.1 来求解权重。

模型 6.1

$$\max\left(\sum_{j=1}^n t_j C_1(a_{1j},a_j^*),\sum_{j=1}^n t_j C_1(a_{2j},a_j^*),\cdots,\sum_{j=1}^n t_j C_1(a_{nj},a_j^*)\right) \tag{6-13}$$

各方案是同等的，不存在对任何方案的偏好。因此，可以将模型 6.1 按等权重集结为如下单目标优化模型[130,150]：

模型 6.2

$$\begin{cases}\max\displaystyle\sum_{i=1}^m\sum_{j=1}^n t_j C_1(a_{ij},a_j^*) \\ \text{s.t.}\ \ t\in H\end{cases} \tag{6-14}$$

模型 6.2 能够很容易地用解决线性规划模型的单纯形法求解，从而可以得到理想解 $t^* = (t_1^*, t_2^*, \cdots, t_n^*)$ 来作为属性权重。

若属性权重完全未知，则可以利用模型 6.3 求解属性权重。

模型 6.3

$$
\begin{cases}
\max \sum_{i=1}^{m}\sum_{j=1}^{n} t_j C_1(a_{ij}, a_j^*) = \sum_{i=1}^{m}\sum_{j=1}^{n} t_j \dfrac{\sum_{j=1}^{l} \gamma_1^{\sigma(j)} \cdot \gamma_2^{\sigma(j)}}{\max\left\{ \sum_{j=1}^{l} (\gamma_1^{\sigma(j)})^2, \sum_{j=1}^{l} (\gamma_2^{\sigma(j)})^2 \right\}} \\
\text{s.t. } \sum_{j=1}^{n} t_j^2 = 1, t_j \geq 0, j = 1, 2, \cdots, n
\end{cases} \quad (6\text{-}15)
$$

不失一般性，模型 6.3 中的关联度 $C_1(a_{ij}, a_j^*)$ 按照式（6-1）计算。为求解模型 6.3，构建拉格朗日函数：

$$
L(t, \lambda) = \sum_{i=1}^{m}\sum_{j=1}^{n} t_j C_1(a_{ij}, a_j^*) + \frac{\lambda}{2}\left(\sum_{j=1}^{n} t_j^2 - 1 \right) \quad (6\text{-}16)
$$

分别关于 t_j, λ 求偏导，并令其为 0，可得

$$
\begin{cases}
\dfrac{\delta L(t_j, \lambda)}{\delta t_j} = \sum_{i=1}^{m} C_1(a_{ij}, a_j^*) + \lambda t_j = 0 \\
\dfrac{\delta L(t_j, \lambda)}{\delta \lambda} = \sum_{j=1}^{n} t_j^2 - 1 = 0
\end{cases} \quad (6\text{-}17)
$$

求解方程得

$$
t_j = \frac{\sum_{i=1}^{m} C_1(a_{ij}, a_j^*)}{\sqrt{\sum_{j=1}^{n}\left(\sum_{i=1}^{m} C_1(a_{ij}, a_j^*) \right)^2}} \quad (6\text{-}18)
$$

将 t_j 进行单位化处理，理想解为

$$
t_j^* = \frac{\sum_{i=1}^{m} C_1(a_{ij}, a_j^*)}{\sum_{j=1}^{n}\left(\sum_{i=1}^{m} C_1(a_{ij}, a_j^*) \right)} \quad (6\text{-}19)
$$

将式（6-1）代入式（6-19）得

$$t_j^* = \frac{\sum_{i=1}^m \dfrac{\sum_{j=1}^l a_{ij} \cdot a_j^*}{\max\left\{\sum_{j=1}^l (a_{ij})^2, \sum_{j=1}^l (a_j^*)^2\right\}}}{\sum_{j=1}^n \left(\sum_{i=1}^m \dfrac{\sum_{j=1}^l a_{ij} \cdot a_j^*}{\max\left\{\sum_{j=1}^l (a_{ij})^2, \sum_{j=1}^l (a_j^*)^2\right\}}\right)}, j=1,2,\cdots,n \qquad (6\text{-}20)$$

特别地，当 $l=1$ 且理想解为各属性综合值的最大值时，

$$t_j^* = \frac{\sum_{i=1}^m \dfrac{a_{ij}}{a_j^*}}{\sum_{j=1}^n \left(\sum_{i=1}^m \dfrac{a_{ij}}{a_j^*}\right)}, j=1,2,\cdots,n \qquad (6\text{-}21)$$

t_j^* 即通过关联度构建最优化模型之后解出的属性权重理想解。

方法二：考虑方案偏好的属性权重确定方法。

基于具有可信度的犹豫模糊集的多属性决策问题中，属性权重的确定应当充分考虑决策者的主客观偏好信息，给出具有方案偏好且考虑可信度的犹豫模糊属性权重确定方法。$\hat{h}_i(i=1,2,\cdots,m)$ 为专家组给出的方案偏好，同时专家组给出具有可信度的犹豫模糊决策矩阵 $D_l=(h_{ijk})_{m\times n\times p}$，$h_{ijk}$ 为第 i 个方案第 j 个属性的第 k 个犹豫模糊数。犹豫模糊决策矩阵与方案偏好之间往往存在一定的关联性，属性权重 $t=(t_1,t_2,\cdots,t_n)$ 的选择应该使得犹豫模糊决策矩阵与方案偏好之间的关联度最大。因此，本节给出一种考虑可信度的犹豫模糊属性权重确定模型[100]。

模型 6.4

$$\begin{cases} \max \sum_{j=1}^n C_r^1(h_{ij},\hat{h}_i)t_j = \sum_{j=1}^n \dfrac{\sum_{k=1}^p (l_{ij}^{(k)}\gamma_{ij}^{\tau(k)})(l_i^{(\hat{k})}\gamma_i^{\hat{\tau}(k)})}{\max\left\{\sum_{j=1}^k (l_{ij}^{(k)}\gamma_{ij}^{\tau(k)})^2, \sum_{j=1}^k (l_i^{(\hat{k})}\gamma_i^{\hat{\tau}(k)})^2\right\}}t_j \\ \text{s.t. } \sum_{j=1}^n t_j^2=1, t_j \geqslant 0, j=1,2,\cdots,n \end{cases} \qquad (6\text{-}22)$$

为不失一般性，模型 6.4 中的犹豫模糊关联度采用式（6-9）计算，模型 6.4 可转化为以下单目标规划模型。

模型 6.5

$$
\begin{cases}
\max \sum_{i=1}^{m} \sum_{j=1}^{n} C_r^1(h_{ij}, \hat{h}_i) t_j = \sum_{i=1}^{m} \sum_{j=1}^{n} \dfrac{\displaystyle\sum_{k=1}^{p} (l_{ij}^{(k)} \gamma_{ij}^{\tau(k)})(l_i^{\hat{(k)}} \gamma_i^{\hat{\tau}(k)})}{\max\left\{\displaystyle\sum_{j=1}^{k} (l_{ij}^{(k)} \gamma_{ij}^{\tau(k)})^2, \sum_{j=1}^{k} (l_i^{\hat{(k)}} \gamma_i^{\hat{\tau}(k)})^2\right\}} t_j \\[6pt]
\text{s.t.} \ \sum_{j=1}^{n} t_j^2 = 1, t_j \geqslant 0, j = 1, 2, \cdots, n
\end{cases}
\tag{6-23}
$$

解得

$$
t_j^* = \frac{\displaystyle\sum_{i=1}^{m} C_r^1(a_{ij}, a_j^*)}{\displaystyle\sum_{j=1}^{n}\left(\sum_{i=1}^{m} C_r^1(a_{ij}, a_j^*)\right)}
\tag{6-24}
$$

6.1.3　基于犹豫模糊投影法且属性权重未知的犹豫模糊决策方法

文献[151]提出一种多属性决策的新方法,即投影法,其思想是利用各方案与理想方案的投影值进行方案排序与择优。投影法作为一种非常良好的度量工具,不仅能反映两对象间的相近程度,而且能反映对象内在的性质,目前在评价和决策分析中得到广泛的应用[151-153]。本节研究投影法在犹豫模糊集中的应用。首先介绍投影的基本理论与方法。

定义 6.4[151]　设 $x = (x_1, x_2, \cdots, x_n)$ 和 $y = (y_1, y_2, \cdots, y_n)$ 是两个向量,定义

$$
\cos(x, y) = \frac{\displaystyle\sum_{i=1}^{n} x_i y_i}{\sqrt{\displaystyle\sum_{i=1}^{n} x_i^2} \sqrt{\displaystyle\sum_{i=1}^{n} y_i^2}}
\tag{6-25}
$$

为向量 x 和 y 之间的夹角余弦。

定义 6.5[151]　设 $x = (x_1, x_2, \cdots, x_n)$,则向量 x 的模可以表示为 $|x| = \sqrt{\displaystyle\sum_{i=1}^{n} x_i^2}$。

模与方向组成向量,而向量之间的方向是由其夹角余弦确定的,因此,必须将向量的模与夹角余弦进行结合才能测量两个向量的接近程度。向量投影概念如下。

定义 6.6[151-154]　设 $x = (x_1, x_2, \cdots, x_n)$ 和 $y = (y_1, y_2, \cdots, y_n)$ 是两个向量,定义

$$
\text{Pr} j_y x = \frac{\displaystyle\sum_{i=1}^{n} x_i y_i}{\sqrt{\displaystyle\sum_{i=1}^{n} x_i^2} \sqrt{\displaystyle\sum_{i=1}^{n} y_i^2}} \sqrt{\sum_{i=1}^{n} x_i^2} = \frac{\displaystyle\sum_{i=1}^{n} x_i y_i}{\sqrt{\displaystyle\sum_{i=1}^{n} y_i^2}}
\tag{6-26}
$$

为向量 x 在 y 上的投影。一般地，两个向量越接近，则 $\mathrm{Pr}\,j_y x$ 越大。

本书将投影概念推广到犹豫模糊情形，定义犹豫模糊集的模、犹豫模糊集的投影等。

定义 6.7　设 $X = (x_1, x_2, \cdots, x_n)$ 是一有限集，A 为定义在 X 中的犹豫模糊集，则

$$|A| = \sqrt{\sum_{j=1}^{n} h_j^2} \qquad (6\text{-}27)$$

为犹豫模糊集 A 的模，其中，h_j 为 A 中第 j 个犹豫模糊数。

在许多情况下，应该考虑元素 $h_j \in A$ 的权重。例如，在多属性综合评价中，每个属性一般具有不同的重要性，因而需要赋予不同的权重。在此情况下，定义犹豫模糊集的加权模。

定义 6.8　设 $X = (x_1, x_2, \cdots, x_n)$ 是一有限集，A 为定义在 X 中的犹豫模糊集，则

$$|A|_w = \sqrt{\sum_{i=1}^{n} (w_i \,|\, h_i \,|)^2} \qquad (6\text{-}28)$$

为犹豫模糊集 A 的加权模，其中，$w = (w_1, w_2, \cdots, w_n)$ 为 $h_j (j = 1, 2, \cdots, n)$ 的权重，且 $w_j \in [0,1], \sum_{j=1}^{n} w_j = 1$。

定义 6.9　设 $X = (x_1, x_2, \cdots, x_n)(n \geq 2)$ 是一非空有限集，A 和 B 为定义在 X 中的两个犹豫模糊集，则

$$\mathrm{Pr}\,j_B A = \frac{\sum\limits_{i=1}^{n} h_{\alpha(i)} h_{\beta(i)}}{|B|} \qquad (6\text{-}29)$$

为犹豫模糊集 A 在 B 上的投影，其中，$h_{\alpha(i)}$ 和 $h_{\beta(i)}$ 分别为 A 和 B 中的元素。显然，$\mathrm{Pr}\,j_B A$ 越大，A 和 B 越接近。

定义 6.10　设 $X = (x_1, x_2, \cdots, x_n)(n \geq 2)$ 是一非空有限集，A 和 B 为定义在 X 中的两个犹豫模糊集，则

$$\mathrm{Pr}\,j_{B_w} A = \frac{\sum\limits_{i=1}^{n} w_i^2 (h_{\alpha(i)} h_{\beta(i)})}{|B|_w} \qquad (6\text{-}30)$$

为犹豫模糊集 A 在 B 上的加权投影，其中，$w = (w_1, w_2, \cdots, w_n)$ 为 $x_j (j = 1, 2, \cdots, n)$ 的权重，且 $w_j \in [0,1], \sum\limits_{j=1}^{n} w_j = 1$。

考虑犹豫模糊环境下的多属性综合评价问题。设 $A = \{A_1, A_2, \cdots, A_m\}$ 为方案集，$G = \{G_1, G_2, \cdots, G_n\}$ 为属性集，专家组对方案 $A_i \in A$ 关于属性 $G_j \in G$ 进行测度，从而构成具有可信度的犹豫模糊决策矩阵 $D_l = (h_{ijk})_{m \times n \times p}$，$h_{ijk}$ 为第 i 个方案第 j 个属

性的第 k 个犹豫模糊数。$h_{ij}(i=1,2,\cdots,m; j=1,2,\cdots,n)$ 为第 i 个方案第 j 个属性的集成值，$t=(t_1,t_2,\cdots,t_n)^{\mathrm{T}}$ 为属性权重，$t_j \in [0,1]$ 且 $\sum_{j=1}^{n} t_j = 1$。基于投影法的犹豫模糊多属性综合评价方法步骤如下。

（1）利用犹豫模糊集成算子对每个方案的属性信息进行集成，得到专家组对于所给方案 $A_i(i=1,2,\cdots,m)$ 中的每个属性信息 $G_j(j=1,2,\cdots,n)$ 的个体综合表现值 $h_{ij}(i=1,2,\cdots,m; j=1,2,\cdots,n)$。

（2）从个体综合表现值 $h_{ij}(i=1,2,\cdots,m; j=1,2,\cdots,n)$ 中提炼出犹豫模糊理想解 $A^* = \{a_1^*, a_2^*, \cdots, a_n^*\}$，根据具体情况可利用模型 6.2、模型 6.3 或模型 6.4 求解属性权重 $t=(t_1,t_2,\cdots,t_n)^{\mathrm{T}}$。

（3）利用式（6-30）计算方案 $A_i(i=1,2,\cdots,m)$ 在犹豫模糊理想解下的加权投影，即

$$\Pr j_{A_w^*} A_i = \frac{\sum_{j=1}^{n} t_j^2 (a_{ij} \cdot a_j^*)}{|A^*|_w}$$

（4）按照 $\Pr j_{A_w^*} A_i$ 对方案 $A_i(i=1,2,\cdots,m)$ 进行排序，$\Pr j_{A_w^*} A_i$ 越大，说明方案 A_i 越接近理想方案 A^*，即方案 A_i 越优。

下面以项目投资为例，说明基于投影法的犹豫模糊综合评价方法的实用性。

算例分析 假设现有 4 个项目 $A_i(i=1,2,3,4)$ 可供某企业投资，然而由于资金的限制，企业需要从 4 个项目中选择出较好的项目进行投资，此时就需要对这 4 个项目进行排序。从企业的实际情况出发，专家组拟从以下 4 个方面对其进行评价，即营利性及偿付能力 G_1、顾客满意度 G_2、企业文化和内部业务流程 G_3、学习和成长能力 G_4。假设各个属性下的犹豫模糊数的位置权重是相同的。专家组中的每位专家所具有的知识、经验不同，因此，专家组成员在给出每个项目所对应的属性决策值时应当给出相应的可信度。专家组经过综合考虑后给出考虑可信度的犹豫模糊决策信息，具体犹豫模糊决策矩阵见表 6-1。

表 6-1 犹豫模糊决策矩阵

	G_1	G_2	G_3	G_4
A_1	{(0.7, 0.5), (0.3, 0.7)}	{(0.7, 0.6), (0.5, 0.7)}	{(0.6, 0.5), (0.7, 0.6), (0.5, 0.8)}	{(0.8, 0.4), (0.7, 0.5)}
A_2	{(0.8, 0.3), (0.6, 0.4)}	{(0.6, 0.4), (0.4, 0.7)}	{(0.7, 0.4), (0.6, 0.6)}	{(0.9, 0.4), (0.7, 0.5), (0.6, 0.6)}
A_3	{(0.7, 0.6), (0.5, 0.7), (0.4, 0.8)}	{(0.7, 0.4), (0.4, 0.6)}	{(0.5, 0.8), (0.3, 0.9)}	{(0.4, 0.8), (0.5, 0.9)}
A_4	{(0.7, 0.4), (0.5, 0.6)}	{(0.6, 0.5), (0.4, 0.7), (0.3, 0.9)}	{(0.5, 0.4), (0.6, 0.7)}	{(0.6, 0.5), (0.4, 0.6)}

最优项目的求解步骤如下。

（1）利用 CIHFHA 算子对每个项目的属性信息进行集成，得到专家组对于所给项目 $A_i(i=1,2,3,4)$ 中的每个属性信息 $G_j(j=1,2,3,4)$ 的综合表现值 $h_{ij}(i=1,2,3,4;j=1,2,3,4)$，见表 6-2。

表 6-2　每个项目的各个属性信息的综合表现值

	G_1	G_2	G_3	G_4
A_1	0.28	0.39	0.38	0.34
A_2	0.24	0.26	0.32	0.36
A_3	0.36	0.26	0.34	0.39
A_4	0.29	0.28	0.32	0.27

（2）由表 6-2 得出犹豫模糊理想解 $A^* = \{0.36, 0.39, 0.38, 0.39\}$，由于本算例中未给出方案偏好且属性权重完全未知，采用式（6-24）求出属性权重 $t = (0.24, 0.23, 0.27, 0.26)^{\mathrm{T}}$。

（3）利用式（6-30）计算项目 $A_i(i=1,2,3,4)$ 在 A^* 下的加权投影。
$$\mathrm{Pr}\,j_{A_w^*}A_1 = 0.48, \mathrm{Pr}\,j_{A_w^*}A_2 = 0.41$$
$$\mathrm{Pr}\,j_{A_w^*}A_3 = 0.47, \mathrm{Pr}\,j_{A_w^*}A_4 = 0.40$$

（4）由步骤（3）容易看出
$$\mathrm{Pr}\,j_{A_w^*}A_1 \succ \mathrm{Pr}\,j_{A_w^*}A_3 \succ \mathrm{Pr}\,j_{A_w^*}A_2 \succ \mathrm{Pr}\,j_{A_w^*}A_4$$

因此，$A_1 \succ A_3 \succ A_2 \succ A_4$，最优项目为 A_1。

6.2　具有不完全属性优先级时的属性权重确定方法

在实际的多属性决策问题中，属性间常常存在一定程度的优先级关系。由于专家组中每位专家的知识、工作背景不同，对属性的认知有差异，要求所有专家必须给出完全属性优先级关系显然是不现实的。允许专家组成员给出不完全信息的属性优先级关系是本节研究的焦点，本节在不完全属性优先级的基础上提出一种融合主、客观决策信息的加权变异率修正不完全 G1 组合赋权方法，并将其与其他赋权方法进行对比分析。

6.2.1　考虑属性优先级问题的难点及其解决思路

1. 考虑属性优先级问题的难点

问题一：专家组成员来自不同领域、组织或部门，每位专家所具有的知识、背景是有差异的。因此，每位专家给出的属性优先级往往是不同的。当不同的专家组成员对相同的属性进行对比时，往往会出现矛盾。专家组成员越多，矛盾越大，意见很难达成一致。

问题二： 多位专家直接确定属性之间的优先级更容易出现矛盾和偏差。因此，具有多位专家的多属性决策问题中，直接确定属性重要性要比确定优先级更难。

2. 解决问题的思路

思路一： 要求每位专家分别给出属性的重要性排序，根据实际情况考虑专家的属性漏选情况，对符合融合条件的专家不完全排序进行信息融合，构造完全信息属性集。之后进行一致性检验，对通过一致性检验的属性序关系进行信息融合，得出理想属性序关系。

思路二： 在思路一的基础上，通过计算两个属性之间决策数据加权变异率的比值来确定属性重要性。对于专家组成员来说，确定属性序关系难度较小，直接确定两个属性重要性比较困难，非常容易产生矛盾，避开后者就避开了矛盾。

6.2.2　加权变异率修正不完全 G1 组合赋权模型的构建

专家组直接确定属性的优先级程度比较困难，而在两个属性中确定哪一个属性重要相对容易。在专家组给出属性优先级排序时，由于知识、背景所限会出现有些属性不确定的情况，从而出现不完全的属性优先级。在此思路的指引下，本节提出一种基于加权变异率修正不完全 G1 组合赋权方法。

1. G1 法介绍

G1 法[142, 143]是典型的主观赋权法，即属性的权重信息都来自决策者的主观判断。G1 法详细步骤如下。

（1）专家组给出完全属性序关系。

（2）专家组成员给出相邻属性 x_{k-1} 与 x_k 优先级程度 r_k，见表 6-3。

表 6-3　赋值参考表

r_k 取值	说明
1.0	属性 x_{k-1} 与 x_k 同样优先
1.2	属性 x_{k-1} 比 x_k 略微优先
1.4	属性 x_{k-1} 比 x_k 明显优先
1.6	属性 x_{k-1} 比 x_k 强烈优先
1.8	属性 x_{k-1} 比 x_k 极为优先

（3）根据给出的 r_k，计算第 m 个属性的权重 t_m 为

$$t_m = \left(1 + \sum_{k=2}^{m} \prod_{i=k}^{m} r_i\right)^{-1} \quad (6\text{-}31)$$

（4）由属性权重 t_m 可得第 $m-1$, $m-2$, $\cdots$, 2 个属性的权重为

$$t_{m-1} = r_m t_m \quad (6\text{-}32)$$

其中，t_m 为第 m 个属性的 G1 法权重。

2. 加权变异率修正不完全 G1 组合赋权方法

在现有研究中，主客观权重融合方法一般为线性加权。本节提出一种基于加权变异率的非线性加权方法：加权变异率修正不完全 G1 组合赋权方法。该赋权方法既能体现专家意见，又能包含客观数据信息。详细步骤如下。

（1）不同专家分别对决策集内的属性进行重要性排序，对有些专家的不完全属性序关系进行信息修正，得出修正后的完全排序，之后与其他专家序关系一起进行一致性检验以及信息融合，融合出理想排序。考虑专家偏好，体现专家意见。详见 G1 法步骤（3）和（4）。

（2）通过计算属性加权变异率 v_k（式（3-40））来确定相邻属性 x_{k-1} 与 x_k 优先级程度 r_k，反映属性的数据信息，体现该方法的客观性。

$$r_k = \begin{cases} v_{k-1} / v_k, v_{k-1} \geqslant v_k \\ 1, v_{k-1} < v_k \end{cases} \quad (6\text{-}33)$$

其他步骤同 G1 法。

3. 专家的不完全信息序关系修正方法

为了提高决策结果的科学性、减少决策信息的偏差，选取合适的专家组成员是群体决策的关键。专家组成员也应当具有典型的代表性，例如，应当来自不同的单位、学校、地域等，以便在群体决策中更好地抵消个体差异的影响，达到科学决策的目的。

选择 m 位专家（$7 \leqslant m \leqslant 15$）对 n 个属性同时进行排序，假设有 t 位专家给出了完全排序，另外 $m-t$ 位专家排序中都存在不同程度的漏排属性现象。具体修正步骤如下。

（1）专家分类以及修正满足条件。将排序属性数值相同的专家归为一类，若该类专家排序中所有属性都被不同专家选择在内，即在该类别每个属性至少有一位专家选择，则可对该类专家不完全信息进行信息修正以及一致性检验，否则舍弃该类专家排序。

（2）用排序打分法[21]将每位专家给出的不完全信息排序转换成分数：

$$R_{ij} = n - r_{ij} + 1 \quad (6\text{-}34)$$

其中，$r_{ij}(i=1,2,\cdots,n;j=1,2,\cdots,m)$为第 i 个属性在第 j 位专家中所排的位次。

若存在并列排序，则应当将后者进行"跳位"，之后将相同序号调整为相应序号的平均值。例如，某专家的排序结果为 1，2，2，3，4，5，…，规格化后的序号为 1，2.5，2.5，4，5，6，…。

（3）计算不同方法下属性得分均值：

$$\overline{R}_i = \frac{1}{m}\sum_{j=1}^{m} R_{ij} \qquad (6\text{-}35)$$

利用属性得分均值作为缺失属性的得分，按数值大小插入专家排序中，得出每位专家的完全属性序关系。如果有两个属性得分均值相等，则计算不同专家序关系下该属性得分的加权变异率，加权变异率小的为优。

（4）对于修正过的不同专家的完全属性序关系，其结果或许会有差异。由于相同属性的差异不宜过大，对排序进行基于斯皮尔曼等级相关系数的一致性检验，未通过一致性检验的专家排序将会被舍弃。$A_j = (a_{1j},a_{2j},\cdots,a_{nj})$为第 j 种方法的排序，则第 j 种方法的排序与第 k 种方法的排序所对应的斯皮尔曼等级相关系数[143]为

$$V_{jk} = 1 - \frac{6\sum_{i=1}^{n}(a_{ij}-a_{ik})^2}{n(n^2-1)} \qquad (6\text{-}36)$$

舍弃标准如下：计算一位专家排序与其他专家排序的斯皮尔曼等级相关系数，当其均值大于等于 0.7 时满足信度的分值条件，通过一致性检验，即认为该专家排序修正成功，转为有效排序，等同于给出完全属性序关系的专家，否则，舍弃该专家排序。

4. 理想排序的确定

对通过一致性检验的专家修正排序以及 t 个给出完全排序的专家序关系用式（6-36）进行一致性检验，对通过一致性检验的专家排序再次利用式（6-34）打分，若 β_{ij} 为第 j 位专家序关系下的第 i 个属性的得分，$\overline{a}_i$ 为第 i 个属性的综合得分均值，则

$$\overline{a}_i = \frac{\sum_{j=1}^{n}\beta_{ij}}{n} \qquad (6\text{-}37)$$

按大小进行重新排序，即融合序关系。融合序关系不仅满足斯皮尔曼等级相关系数一致性条件而且一致性程度最优，因此，融合序关系即理想排序。

定理 6.1　　如果针对相同属性的不同序关系 $A_1, A_2, \cdots, A_n$ 都满足斯皮尔曼等级

相关系数一致性条件，那么经上述融合后的序关系 A 也满足斯皮尔曼等级相关系数一致性条件，且一致性程度达到最优。

下面给出定理 6.1 的证明过程。

引理 6.1　若 $x_i > 0, i = 1, 2, \cdots, n$，$\overline{x_i^2}, \overline{x}_i^2$ 分别表示平方的均值以及均值的平方，则

$$\overline{x_i^2} \geqslant \overline{x}_i^2 \tag{6-38}$$

当且仅当 $x_1 = x_2 = \cdots = x_n$ 时，等号成立。

证明　a_{ij} 为第 i 个属性在第 j 位专家中所排的位次，$\overline{V}$ 为融合序关系与每位专家排序的斯皮尔曼等级相关系数均值，$\overline{V}_j$ 为第 j 位专家给出的序关系与其他专家给出的排序的斯皮尔曼等级相关系数均值。

$$\overline{V}_j = 1 - \frac{6\sum\limits_{i=1}^{n}\sum\limits_{k=1, k \neq j}^{m}(a_{ij} - a_{ik})^2}{(m-1)n(n^2-1)} \tag{6-39}$$

$$\overline{V} = 1 - \frac{6\sum\limits_{i=1}^{n}\sum\limits_{k=1}^{m}(\overline{a}_i - a_{ik})^2}{mn(n^2-1)} \tag{6-40}$$

融合序关系一致性程度与专家排序的一致性程度对比如下：

$$
\begin{aligned}
\overline{V} - \overline{V}_j &= \frac{6\sum\limits_{i=1}^{n}\sum\limits_{k=1, k \neq j}^{m}(a_{ij} - a_{ik})^2}{(m-1)n(n^2-1)} - \frac{6\sum\limits_{i=1}^{n}\sum\limits_{k=1}^{m}(\overline{a}_i - a_{ik})^2}{mn(n^2-1)} \\
&= \frac{6\sum\limits_{i=1}^{n}\left(m^2(a_{ij} - \overline{a}_i)^2 + (a_{i1}^2 + a_{i2}^2 + \cdots + a_{im}^2) - m\overline{a}_i^2\right)}{mn(m-1)(n^2-1)}
\end{aligned}
$$

由于 $(a_{i1}^2 + a_{i2}^2 + \cdots + a_{im}^2) - m\overline{a}_i^2 = m\overline{a_i^2} - m\overline{a}_i^2 \geqslant 0$，且其他项都大于等于 0，$\overline{V} \geqslant \overline{V}_j$，即融合序关系的斯皮尔曼等级相关系数均值最优。

也有学者[155-157]利用专家排序一致性程度加权得到综合排序，即一致性程度较大者权重较大，否则权重较小。利用上述方法可证明这种加权方法得到的融合排序满足一致性条件，但未必是最优排序。本书所述方法的一致性程度比加权法更高。

6.2.3　优缺点分析

1. 与传统 G1 法的区别

加权变异率修正不完全 G1 组合赋权方法与传统 G1 法的主要区别在于确定属

性的优先级程度以及是否考虑不同专家的偏好。传统 G1 法要求专家给出所有属性排序，之后给出相邻属性优先级程度。加权变异率修正不完全 G1 组合赋权方法允许专家给出不完全属性优先级，通过计算相邻属性的加权变异率确定优先级程度。因此，加权变异率修正不完全 G1 组合赋权方法考虑专家的特点，允许专家给出不完全属性集，更加贴近实际情况，而且它的相邻属性优先级程度反映了数据本身包含的信息量，避免了主观任意确定的问题。

2. 与标准离差法的区别

加权变异率修正不完全 G1 组合赋权方法与标准离差法的主要区别是是否按照专家意见确定属性的优先级程度。标准离差法仅对所有属性的标准差进行处理，并没有考虑专家意见，只是反映了属性的有关数据信息。加权变异率修正不完全 G1 组合赋权方法依据专家组给出的不完全属性序关系，并融合出理想属性序关系，之后利用加权变异率确定具体的优先级程度，属性序关系体现了专家意见，优先级程度反映了属性数据信息。

3. 与一般组合赋权法的区别

加权变异率修正不完全 G1 组合赋权方法与一般组合赋权法的主要区别在于如何确定组合方式。一般组合赋权法事先确定主观和客观属性权重，之后进行融合，对于主观和客观属性权重的相加和相乘融合的意义，以及确定两种属性权重的分配方式等问题解释不理想。近年来有些学者[142, 143]将主客观属性权重有机融合起来，但是并没有充分考虑专家的偏好信息以及属性缺失情况。与一般组合赋权法不同，加权变异率修正不完全 G1 组合赋权方法通过专家给出的不完全信息融合出理想排序，通过排序反映专家意见，然后通过计算属性的加权变异率来确定相邻属性优先级程度，避免了主观确定优先级程度的随意性。

4. 加权变异率修正不完全 G1 组合赋权方法的优点

综上，加权变异率修正不完全 G1 组合赋权方法具有以下优点。

（1）在决策过程中充分考虑各位专家的偏好，对各位专家可能出现的不完全信息进行修正，构建了一种基于不完全信息的修正方法，最后与其他专家的完全信息排序融合出理想排序。

（2）通过比较属性加权变异率合理地确定相邻属性优先级程度，有效地将专家给出的属性优先级意见与属性的数据信息结合在一起，避免了专家组成员随意确定属性优先级程度的主观影响，也不用考虑主客观属性权重的分配问题。

（3）赋权方法的适用性广。该组合赋权法具有广泛的适用性，只要属性具有一定的量化数据即可，通过计算属性数据的加权变异率可以有效地确定属性的优先级程度，之后与修正后的理想属性优先级进行结合即可得出考虑专家意见以及属性信息的组合权重。

6.3　具有不完全属性优先级的犹豫模糊决策方法及其在软件质量评估中的应用

考虑专家可信度的重要性，本节在加权变异率修正不完全 G1 组合赋权方法的基础上给出一种同时考虑可信度与不完全属性优先级的犹豫模糊决策方法。根据软件质量评估的特点，经过分析给出软件质量评估中的备选属性，并将基于可信度与不完全属性优先级的犹豫模糊决策方法有效地应用到软件质量评估中。

6.3.1　考虑可信度与不完全属性优先级的犹豫模糊决策方法

在构造备选方案属性体系的基础上研究基于加权变异率修正不完全 G1 组合赋权的具有可信度的犹豫模糊决策方法。首先，专家组给出具有可信度的犹豫模糊决策值，将属性犹豫模糊决策值进行信息集成，得出各个属性的综合决策值；其次，专家组的每位专家都给出属性优先级的序关系，允许专家给出不完全属性优先级，对专家给出的不完全属性序关系进行信息融合与一致性检验，最终得出理想属性序关系；最后，求解属性综合决策值的加权变异率，与理想属性序关系结合，利用加权变异率修正不完全 G1 组合赋权方法确定属性权重，利用属性综合决策值以及属性权重通过信息集成方法得出方案的综合得分。其多属性决策原理如图 6-1 所示。

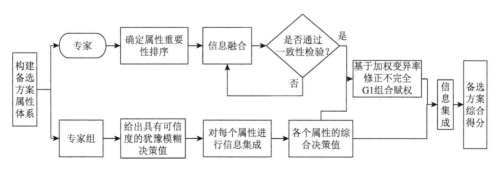

图 6-1　考虑可信度与不完全属性优先级的犹豫模糊决策方法

考虑可信度与不完全属性优先级的犹豫模糊决策问题。假设 $A = \{A_1, A_2, \cdots, A_m\}$ 表示方案集，$G = \{G_1, G_2, \cdots, G_n\}$ 表示存在不完全属性优先级的属性集，如果

$G_1 \succ G_2 \succ \cdots \succ G_n$，则属性的优先级关系依次递减，$E = \{e_1, e_2, \cdots, e_p\}$ 表示专家组。专家组 $E = \{e_1, e_2, \cdots, e_p\}$ 对方案 $A_i \in A$ 关于属性 $G_j \in G$ 进行测度，去掉重复数据，从而构成具有可信度的犹豫模糊决策矩阵 $D_{m \times n \times p} = (h_{ijk})_{m \times n \times p}$，$p$ 为属性中的犹豫模糊数个数，h_{ijk} 为第 i 个方案第 j 个属性的第 k 个犹豫模糊数，$l_{ijk} \in [0,1]$ 为犹豫模糊数 h_{ijk} 所对应的专家可信度。$t = (t_1, t_2, \cdots, t_n)^{\mathrm{T}}$ 为基于加权变异率修正不完全 G1 组合赋权方法得到的属性权重，$t_j \in [0,1]$ 且 $\sum\limits_{j=1}^{n} t_j = 1$。

考虑可信度与不完全属性优先级的犹豫模糊决策方法步骤如下。

（1）利用具有可信度的犹豫模糊集成算子对每个方案的属性进行集成，得到专家组对于所给方案 $A_i (i = 1, 2, \cdots, m)$ 中的每个属性 $G_j (j = 1, 2, \cdots, n)$ 的个体综合表现值 $h_{ij} (i = 1, 2, \cdots, m; j = 1, 2, \cdots, n)$。

（2）对具有不完全信息的属性优先级按照 6.2.2 节专家的不完全信息序关系修正方法对不完全属性进行修正并确定属性重要性理想排序。

（3）计算属性加权变异率，按照加权变异率修正不完全 G1 组合赋权方法确定属性权重 $t = (t_1, t_2, \cdots, t_n)^{\mathrm{T}}$。

（4）利用 HFWA 算子或 HFWG 算子计算每个方案 $A_i (i = 1, 2, \cdots, m)$ 的综合得分，由犹豫模糊得分函数知综合得分越高方案越优，之后对方案按照大小关系进行具体排序。

6.3.2　软件质量评估的研究背景

现如今，以网络技术、大数据和软件的应用为基础的网上交易、交通运输系统、工业制造系统等已经渗透到人们生产、生活的各方面。应用软件已经成为日常生活与工作的一个重要组成部分。随着软件产品日益增多，以及当前软件开发及运行中存在多变性，软件质量越来越难以保证，因此很有必要研发高质量的软件产品。许多软件产品在上市前就已经发现很多缺陷，而人们对软件产品的依赖使这部分不合格软件产品推向市场，导致其经常发生故障进而造成灾难性事件，引起了人们对高质量软件产品的渴望。软件产品问题已经成为国际社会普遍关注的焦点，评估软件质量、确保高质量软件产品推向市场具有重大的现实意义。

随着社会的发展，用户对软件质量的要求越来越高，软件开发商最核心的问题即如何开发高质量的软件产品。软件质量的评估不仅可以帮助企业开发高质量的软件产品，而且有利于用户了解、购买和使用软件产品[158-160]。由于人们的知识所限以及软件本身所具有的特性，在对软件质量进行评估时往往存在模糊性，并非所有的质量特性都可以用特定的确定数来表示。因此，相关国内外学者开始使用模糊决策方法评估软件质量[161-166]。传统的模糊决策方法是构建隶属度函数，但是其构建过程比较复杂，而且属性权重的处理不太科学[164-166]。犹豫模糊集是在模糊集的基础上演变而来的，其主要特点是允许一个属性同时出现不同的决策值。软件质量的属性中存在很多不确定性，专家组在评判同一个属性时可能会出现意见不一致的情况。犹豫模糊集能够有效地处理这种情形，因此利用犹豫模糊决策方法评估软件质量是可行且有效的。

现有的处理软件质量的赋权方法如下。

（1）主观赋权法。以层次分析法（analytic hierarchy process，AHP）和 G1 法等[167]为代表的赋权方法。这类赋权方法的特点就是属性权重信息来源于专家的主观经验判断。

（2）客观赋权方法。以熵值法[168]、标准离差法[169]等为代表的仅依靠数据进行赋权的方法。这类赋权方法没有人为参与，完全依赖决策数据，这既是优点又是非常明显的欠缺之处。

（3）主客观组合赋权法。以加法合成法[168]和乘法合成法[169-171]为代表。文献[149]构建了一种新的能够保持属性优先级恒定的主客观组合赋权方法，其特点是能够有效地体现专家意见和数据信息的离散程度，但要求每位专家给出所有属性的重要性排序，未考虑专家排序中可能存在的不完全信息现象。

上述赋权方法基本上要求每位专家对相同的属性集给出全部的决策信息。然而，由于专家的知识、背景、经验存在差异，每位专家给出的决策信息具有很大的不确定性。为了尽量消除个体决策结果的偏差，在实际的决策过程中应当采用群体决策，并对其决策结果进行一致性检验，从而得到最优的决策结果[171]。从统计上来说，决策数据越多、离散程度越小，最终的决策结果越好。然而，在实际的管理决策实践中，专家人数受到周期、成本等各方面的限制，不太可能召集大量的专家进行群体决策。目前，已有相关学者[171-174]专门研究了该问题并得出结论：群体决策中的专家接近 15 人时，继续增加人数并不能对决策结果产生较大的影响，因此，群体决策中专家一般为 7～15 人。

6.3.3　软件质量评估中的犹豫模糊决策方法

以软件质量评估为例，说明基于可信度和不完全属性优先级的犹豫模糊决策方法的实用性。

在 ISO/IEC 9126 标准中，软件质量的特性主要有效率、可维护性、可移植性、可靠性、功能性、易用性。本书认为易用性、可维护性与可移植性都是反映软件使用过程是否便捷的属性，因此可以用便捷性来概括。因此，本书用以下 4 个属性对软件质量进行综合评估，即功能性 G_1、便捷性 G_2、可靠性 G_3、效率 G_4。

数值算例　为提高公司所研发的软件市场占有率，同时检测公司科研人员的整体科研水平，某公司领导层决定对即将推出的软件进行综合评估，避免质量较差软件推向市场从而对公司形象造成较大影响。假设公司目前共有四款软件准备推向市场，为了保证质量，公司领导层决定仅将其中一款质量最好的软件推向市场，此时需要对这四款软件进行综合排序。公司领导层拟从以下 4 个方面对软件质量进行综合评估，即功能性 G_1、便捷性 G_2、可靠性 G_3、效率 G_4。邀请 9 位专家，其中有 3 位专家给出了完全属性序关系，有 3 位专家属性序关系缺一项，另外 3 位专家属性序关系缺两项，分别用 B、C、D 表示。B 类专家排序分别为 $B_1 = \{G_1 \succ G_3 \succ G_2\}$，$B_2 = \{G_3 \succ G_1 \succ G_4\}$，$B_3 = \{G_1 \succ G_4 \succ G_2\}$；$C$ 类专家排序分别为 $C_1 = \{G_1 \succ G_3\}$，$C_2 = \{G_3 \succ G_4\}$，$C_3 = \{G_1 \succ G_4\}$；D 类专家排序分别为 $D_1 = \{G_1 \succ G_4 \succ G_3 \succ G_2\}$，$D_2 = \{G_3 \succ G_1 \succ G_4 \succ G_2\}$，$D_3 = \{G_3 \succ G_1 \succ G_2 \succ G_4\}$。由于专家组中的每位专家所具有的知识、经验不同，专家组成员在给出每款软件所对应的属性决策值时应当给出相应的可信度。专家组经过综合考虑后给出了考虑可信度的犹豫模糊决策矩阵，见表 6-4。

表 6-4　具有可信度的犹豫模糊决策矩阵

	G_1	G_2	G_3	G_4
A_1	{(0.7, 0.4), (0.3, 0.6), (0.2, 0.8)}	{(0.5, 0.6), (0.3, 0.7)}	{(0.6, 0.5), (0.7, 0.6)}	{(0.8, 0.4), (0.7, 0.5)}
A_2	{(0.9, 0.3), (0.6, 0.4)}	{(0.6, 0.2), (0.4, 0.7)}	{(0.7, 0.4), (0.6, 0.6), (0.5, 0.8)}	{(0.9, 0.3), (0.7, 0.5)}
A_3	{(0.2, 0.6), (0.3, 0.9)}	{(0.7, 0.4), (0.3, 0.6)}	{(0.5, 0.8), (0.2, 0.9)}	{(0.4, 0.6), (0.2, 0.8), (0.3, 0.9)}
A_4	{(0.7, 0.2), (0.5, 0.6)}	{(0.6, 0.4), (0.1, 0.9)}	{(0.5, 0.4), (0.6, 0.7), (0.3, 0.9)}	{(0.2, 0.3), (0.4, 0.5)}

最优软件的求解过程如下。

（1）利用 HFDHA 算子对每款软件的属性进行综合集成，得到专家组对于所给软件 $A_i(i=1,2,3,4)$ 中的每个属性 $G_j(j=1,2,3,4)$ 的个体综合表现值 $h_{ij}(i=1,2,3,4; j=1,2,3,4)$，见表 6-5。

表 6-5　每款软件所对应的属性的个体综合表现值

	G_1	G_2	G_3	G_4
A_1	0.55	0.64	0.56	0.45
A_2	0.35	0.46	0.61	0.39
A_3	0.83	0.47	0.84	0.78
A_4	0.40	0.54	0.69	0.44

（2）由 6.2.2 节知，D 类专家排序为完全属性排序，视为有效排序；B 类专家排序中有漏排属性现象但排序中包含所有属性，满足修正条件，应该被保留；C 类专家排序不满足修正条件，应当被舍弃。

将 B 类专家排序分别代入式（6-34）和式（6-35）中，得每个属性得分均值为

$$\overline{R}_1' \approx 2.67, \overline{R}_2' = 1, \overline{R}_3' = 2.5, \overline{R}_4' = 1.5$$

把属性得分均值分别与 B 类专家不完全信息排序得分进行对比，按大小把缺失属性插入专家给出的不完全排名中，大小相同者对比加权变异率，得出每位专家的所有属性序关系：

$$X_1 = \{U_1 \succ U_3 \succ U_4 \succ U_2\}, X_2 = \{U_3 \succ U_1 \succ U_2 \succ U_4\}, X_3 = \{U_1 \succ U_3 \succ U_4 \succ U_2\}$$

计算 1 位专家与其他 2 位专家的斯皮尔曼等级相关系数：

$$\overline{V}_1' = 0.8, \overline{V}_2' = 0.6, \overline{V}_3' = 0.8$$

由于一致性检验临界值为 0.7，B_1 与 B_3 修正后的排序通过一致性检验，B_2 修正后的排序被舍弃。这两个通过一致性检验的修正排序与 A 类 3 位专家的完全排序一起进行斯皮尔曼等级相关系数检验，得

$$\overline{V}_{B_1} = 0.8, \overline{V}_{B_3} = 0.8, \overline{V}_{A_1} = 0.5, \overline{V}_{A_2} = 0.7, \overline{V}_{A_3} = 0.5$$

对通过一致性检验的 B_1、B_3 以及 A_2 再次运用式（6-34）和式（6-35），求得属性均值得分：

$$\overline{R}_1 = 11/3, \overline{R}_2 = 1, \overline{R}_3 = 10/3, \overline{R}_4 = 2$$

按照大小进行排序，则属性总的排序结果为 $X = \{G_1 \succ G_3 \succ G_4 \succ G_2\}$，由定理 6.1 知，该排序结果即理想排序。

（3）根据步骤（2）得出的理想属性序关系，结合软件的个体综合表现值，利用加权变异率修正不完全 G1 组合赋权方法即得属性权重为 $t = (0.48, 0.10, 0.21, 0.21)^{\text{T}}$。

（4）利用 HFWA 算子集结得到每款软件的个体综合表现值：

$$\text{HFWA}(A_1) = 0.55, \text{HFWA}(A_2) = 0.44, \text{HFWA}(A_3) = 0.80, \text{HFWA}(A_4) = 0.50$$

由犹豫模糊得分函数可知 $A_3 \succ A_1 \succ A_4 \succ A_2$，由得分越大方案越优的原则可知最优软件为 A_3。

6.4　本　章　小　结

本章研究了在属性权重信息不完全情况下的犹豫模糊决策问题。在考虑专家可信度以及方案是否具有偏好信息、属性优先级不完全的前提下，研究了属性权重的确定问题和多属性决策问题。本章给出了具有可信度的犹豫模糊关联度，并利用该关联度结合方案是否具有偏好信息建立了不同情况下的求解属性权重的线性规划模型。之后给出了犹豫模糊数投影和加权投影的概念，通过计算具有可信

度的线性规划模型，得出属性权重，进而提出了一种基于犹豫模糊投影法的排序方法。在现实中的多属性决策中，属性之间的重要性并非相同，而是存在某种程度的优先级，但是具体的优先级排序很难完全确定。因此，本章研究了具有不完全属性优先级信息的犹豫模糊决策问题。根据已知的不完全属性优先级信息，首先对不完全属性优先级进行了修正，之后进行了一致性检验，确定了完全的理想排序。结合属性数据的变异程度，提出了加权变异率修正不完全 G1 组合赋权方法，并讨论了与其他赋权方法的区别和联系以及优缺点，与具有可信度的犹豫模糊集结合提出了一种考虑可信度与不完全属性优先级的犹豫模糊决策方法，并将其应用到软件质量的评估中，以此发现软件质量的薄弱环节，有效地帮助企业提升软件质量。

第7章 犹豫模糊交互式评价方法及其应用

由于现实生活中评价问题的复杂性越来越高，要求专家组直接给出备选方案的具体排序结果越来越困难，但是由专家组成员根据自己对备选方案的熟悉程度来对方案进行判断比较容易，同时考虑指标之间存在潜在的优先级关系。为了得到更加科学、合理的结论，有必要考虑专家的可信度和不完全指标优先级的影响。第6章主要研究具有可信度与指标优先级的犹豫模糊评价方法，属于开环的评价方法，并没有考虑奇异数据的影响，没有对奇异数据进行一致性检验以及修正，这基于评价数据全部是理想数据。但在现实生活的多指标评价过程中，专家组的每位专家所具有的背景知识以及对所评价对象的熟悉程度均存在一定差异，而且可能存在潜在的利益冲突。因此，只是简单地将专家意见集成为群组意见，难以获得各方都满意的理想方案。为了很好地处理这个问题，采用交互式评价方法，引入交互式协商，通过专家组反复修正以达成通过一致性检验的满意方案。本章主要研究具有不完全指标优先级和可信度的犹豫模糊交互式评价方法及其在上市公司财务评价中的应用。

7.1 考虑可信度与不完全指标优先级的犹豫模糊交互式评价方法

为了解决具有可信度与不完全指标优先级的犹豫模糊交互式评价问题，首先分析经典的交互式评价方法的原理，并将其进行改进，提出一种考虑可信度的交互式评价方法，然后给出考虑可信度的犹豫模糊评价矩阵一致性检验方法，最后基于6.2.2节的加权变异率修正不完全G1组合赋权模型提出一种具有不完全指标优先级以及考虑可信度的犹豫模糊交互式评价方法。

7.1.1 交互式评价方法原理

交互式评价方法即在评价过程中采用闭环控制，专家组根据反馈情况需要重复地进行评价，使之逐步满足事先设定的一致性条件，利用通过一致性条件的评价信息集成最佳的评价结果。交互式评价方法的具体步骤如下：首先，专家组对方案中的各个指标分别进行评价，按照一定的集成方法将专家评价意见按各指标集结成指标综合意见；其次，计算指标综合意见与所对应指标中的各个元素的关联度，将关联度按指标元素个数进行平均并与所选定的阈值进行对比，即进行一致性检验，若通过，则进入下一步，若不通过，则应找出偏离的元素，专家组应调整所对应指标的评价结果或者由评价方法进行一致性处理；最后，利用信息集成方法将通过一致性检验的指标元素按各指标进行重新集结，得到每个方案的各个指标的满足一致性的群体综合意见，利用信息集成算子对方案信息进行集成，得到最终的方案群体评判结果。交互式评价方法的具体流程如图 7-1 所示[130]。

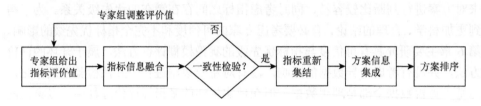

图 7-1　交互式评价方法的流程

由交互式评价方法基本流程可知，交互式评价方法与一般的多指标评价方法的主要不同点就是在评价的过程中引入了意见反馈和专家组交互评审机制。曾守帧[130]将该方法引入直觉模糊多指标评价过程中，提出一种考虑专家权重的基于相似度的直觉模糊交互式评价方法。在交互式评价中存在指标值为犹豫模糊数的情况，并且专家对指标的熟悉程度会很明显地影响评价结果，而考虑专家权重的基于相似度的直觉模糊交互式评价方法并没有考虑这些情况。在每一次的交互式循环评价中，随着专家组的不断修正，每位专家对指标的熟悉程度也会慢慢加强，专家组的群体评价能力和水平就会慢慢体现出来，因此由专家组调整自己的可信度水平具有一定的合理性。基于此，本章针对交互式评价过程中未考虑专家可信度的问题，提出考虑可信度的犹豫模糊交互式评价方法，具体流程如图 7-2 所示。

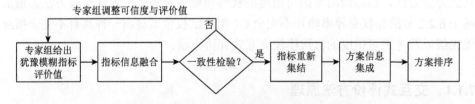

图 7-2　考虑可信度的犹豫模糊交互式评价流程

在犹豫模糊交互式评价流程中，按照指标的一致性程度进行一致性判断及调整，并根据一致性程度有效地引导专家组的评价能力和水平，提升其对指标的熟悉程度，适当地对指标可信度进行调整。

7.1.2　考虑可信度的犹豫模糊评价矩阵一致性检验方法

本节研究将交互式评价方法运用到具有可信度的犹豫模糊多指标评价问题中，并给出一种犹豫模糊交互式评价方法。考虑具有可信度的犹豫模糊交互式评价问题。设 $A=\{A_1,A_2,\cdots,A_m\}$ 为方案集，$G=\{G_1,G_2,\cdots,G_n\}$ 为指标集，$t=(t_1,t_2,\cdots,t_n)^{\mathrm{T}}$ 为指标权重，$t_j \in [0,1]$ 且 $\sum\limits_{j=1}^{n} t_j = 1$。专家组对方案 $A_i \in A$ 关于指标 $G_j \in G$ 进行测度，去掉重复数据，从而构成具有可信度的犹豫模糊评价矩阵 $D_{m \times n \times p}=(h_{ijk})_{m \times n \times p}$，$p$ 为指标中的犹豫模糊数个数，h_{ijk} 为第 i 个方案第 j 个指标的第 k 个犹豫模糊数，$l_{ijk} \in [0,1]$ 为犹豫模糊数 h_{ijk} 所对应的专家可信度。由关联度基本定义（定义 6.1）易得下述结论。

定义 7.1　设专家组给出的具有可信度的犹豫模糊评价矩阵为 $D_{m \times n \times p}=(h_{ijk})_{m \times n \times p}$，而经过指标内部信息集成后的指标综合评价矩阵为 $D_{m \times n}=(h_{ij})_{m \times n}$，则称

$$\bar{C}(h_{ij},h_{ijp}) = \frac{1}{p}\sum_{k=1}^{p} C(h_{ij},h_{ijk}) \tag{7-1}$$

为第 i 个方案第 j 个指标的关联度，其中，$C(h_{ij},h_{ijk})$ 为犹豫模糊数 h_{ij} 和 h_{ijk} 的关联度，具体运算方法及其性质可见 6.1.1 节。

易于证明，$\bar{C}(h_{ij},h_{ijp})(i=1,2,\cdots,m;j=1,2,\cdots,n)$ 具有以下特征。

（1）$0 \leqslant \bar{C}(h_{ij},h_{ijp}) \leqslant 1$；

（2）$\bar{C}(h_{ij},h_{ijp}) = \bar{C}(h_{ijp},h_{ij})$；

（3）$\bar{C}(h_{ij},h_{ijp}) = 1$，当且仅当 $h_{ij}=h_{ijp}$；

（4）$\bar{C}(h_{ij},h_{ijp}) = 0$，当且仅当 h_{ij} 与 h_{ijp} 完全无关联。

定义 7.2[35]　设专家组给出的具有可信度的犹豫模糊评价矩阵为 $D_{m \times n \times p}=(h_{ijk})_{m \times n \times p}$，而经过指标内部信息集成后的指标综合评价矩阵为 $D_{m \times n}=(h_{ij})_{m \times n}$，若

$$\bar{C}(h_{ij},h_{ijp}) \succ \alpha \tag{7-2}$$

成立，称 h_{ij} 与 h_{ijp} 具有一定的可接受性关联度，α 为可接受性关联度的阈值。

若满足 $\bar{C}(h_{ij},h_{ijp}) \succ \alpha$，则由专家组提供的犹豫模糊评价矩阵满足一致性条件，得出的具体排序结果是有效的。若出现 $\bar{C}(h_{ij},h_{ijp}) \prec \alpha$，则应当将 h_{ijp} 反馈给专家组，同时分析犹豫模糊评价矩阵中拉低关联度的元素，并且要求专家组重新评价，直至 $\bar{C}(h_{ij},h_{ijp})$ 满足阈值条件即满足一致性条件。

一般来说，关联度 $\bar{C}(h_{ij},h_{ijp})$ 反映了各个指标内部元素和指标综合评价值之间的一致性程度，同时侧面反映了专家组提供的评价矩阵的评价水平。在很多实际

的问题中，专家组中的每位专家对评价其爱好或厌恶的对象时会提供过高或过低的犹豫模糊偏好数据，从而导致指标内部的评价元素与集成后的指标综合评价值之间的一致性程度偏低。若出现这种情况，应当在具体的评价过程中考虑调整这些异常评价值的可信度。若出现过高的犹豫模糊偏好数据，就应当将该部分异常评价值的可信度调低；反之，应当调高该部分异常评价值的可信度。本章给出以下可信度调整方法。

首先给出有关 $C(h_{ij}, h_{ijk})$ 的定义：

$$y = f(C(h_{ij}, h_{ijk})) \tag{7-3}$$

在式（7-3）的基础上给出调整可信度的简单公式：

$$l'_{ijk} = \frac{f(C(h_{ij}, h_{ijk}))}{\sum_{k=1}^{p} f(C(h_{ij}, h_{ijk}))} \times p \times l_{ijk} \tag{7-4}$$

由可信度的定义知，可信度的最大值为 1，当修正后的可信度大于 1 时，可信度取最大值 1。

针对式（7-4），分三种情况进行处理。

情况 7.1 如果强调中间评价值的评价意见，即具有比较高的一致性程度的专家意见应当赋予较高的可信度。此时，函数 $y = f(C(h_{ij}, h_{ijk}))$ 应该是关联度 $C(h_{ij}, h_{ijk})$ 的增函数。

若

$$y = f(C(h_{ij}, h_{ijk})) = C(h_{ij}, h_{ijk}) \tag{7-5}$$

则可信度修正公式为

$$l'_{ijk} = \frac{C(h_{ij}, h_{ijk})}{\sum_{k=1}^{p} C(h_{ij}, h_{ijk})} \times p \times l_{ijk} \tag{7-6}$$

情况 7.2 如果强调两端评价值的评价意见，即具有比较高的一致性程度的专家意见应当赋予较低的可信度。此时，函数 $y = f(C(h_{ij}, h_{ijk}))$ 应该是关联度 $C(h_{ij}, h_{ijk})$ 的减函数。

若

$$y = f(C(h_{ij}, h_{ijk})) = \frac{1}{C(h_{ij}, h_{ijk})} \tag{7-7}$$

则可信度修正公式为

$$l'_{ijk} = \frac{\dfrac{1}{C(h_{ij}, h_{ijk})}}{\sum_{k=1}^{p} \dfrac{1}{C(h_{ij}, h_{ijk})}} \times p \times l_{ijk} \tag{7-8}$$

情况 7.3 如果既强调两端评价值的评价意见又强调中间评价值的评价意见，此时，可信度修正公式为

$$l'_{ijk} = \left\{ \gamma \frac{f_1(C(h_{ij}, h_{ijk}))}{\sum_{k=1}^{p} f_1(C(h_{ij}, h_{ijk}))} + (1-\gamma) \frac{f_2(C(h_{ij}, h_{ijk}))}{\sum_{k=1}^{p} f_2(C(h_{ij}, h_{ijk}))} \right\} \times p \times l_{ijk} \quad （7\text{-}9）$$

其中，γ 为调节系数，可根据具体情况确定，且 $\gamma \in [0,1]$。$f_1(C(h_{ij}, h_{ijk}))$ 和 $f_2(C(h_{ij}, h_{ijk}))$ 分别为关联度 $C(h_{ij}, h_{ijk})$ 的增、减函数。如果 $f_1(C(h_{ij}, h_{ijk})) = C(h_{ij}, h_{ijk})$ 且 $f_2(C(h_{ij}, h_{ijk})) = \dfrac{1}{C(h_{ij}, h_{ijk})}$，则可信度修正公式可化为

$$l'_{ijk} = \left\{ \gamma \frac{C(h_{ij}, h_{ijk})}{\sum_{k=1}^{p} C(h_{ij}, h_{ijk})} + (1-\gamma) \frac{\dfrac{1}{C(h_{ij}, h_{ijk})}}{\sum_{k=1}^{p} \dfrac{1}{C(h_{ij}, h_{ijk})}} \right\} \times p \times l_{ijk} \quad （7\text{-}10）$$

若 γ 靠近 0，则强调两端的评价意见；相反，若 γ 靠近 1，则强调中间的评价意见。另外，若 $\gamma = 0$，则情况 7.3 退化为情况 7.2；若 $\gamma = 1$，则情况 7.3 退化为情况 7.1，因此情况 7.1 与情况 7.2 都是情况 7.3 的特例。

7.1.3 犹豫模糊交互式评价方法

在上述分析的基础上，结合 6.2.2 节的加权变异率修正不完全 G1 组合赋权模型，本节提出一种具有不完全指标优先级以及考虑可信度的犹豫模糊交互式评价方法，具体评价步骤如下。

（1）考虑可信度与不完全指标优先级的犹豫模糊评价矩阵形式给出的多指标评价问题。设 $A = \{A_1, A_2, \cdots, A_m\}$ 为方案集，$G = \{G_1, G_2, \cdots, G_n\}$ 为指标集，$t = (t_1, t_2, \cdots, t_n)^{\mathrm{T}}$ 为指标权重，$t_j \in [0,1]$ 且 $\sum_{j=1}^{n} t_j = 1$。专家组 $E = (e_1, e_2, \cdots, e_s)^{\mathrm{T}}$ 利用具有可信度的犹豫模糊数对方案中的各个指标进行群体评价，从而构成具有可信度的犹豫模糊评价矩阵，而每个犹豫模糊数所对应的可信度都为初始可信度。同时，专家组对指标可能具有的优先级进行排序，根据专家对指标的熟悉程度允许指标优先级中出现不完全信息。

（2）利用具有可信度的 CIHFWA 算子将每个指标所对应的具有可信度的犹豫模糊数进行集结，得出每个方案的各个指标的综合评价值，利用式（7-1）计算每

个指标中的具有可信度的犹豫模糊数与所对应指标的集成后的综合评价值之间的关联度 $\bar{C}(h_{ij}, h_{ijp})(i = 1, 2, \cdots, m; j = 1, 2, \cdots, n; p = 1, 2, \cdots, s)$。

（3）假设专家组事先给出关联度的阈值 α，如果 $\bar{C}(h_{ij}, h_{ijp}) \succ \alpha$，则转入下一步；否则应当利用式（7-6）、式（7-8）或式（7-10）对指标中的犹豫模糊数所对应的可信度进行适当修正，并且将该指标的犹豫模糊数以及指标综合评价值反馈给专家组，同时告知专家组具有较低关联度的犹豫模糊数，并要求专家组对涉及的犹豫模糊数的可信度进行重新评估。一直重复该过程，直到出现具有可接受的关联度。

（4）利用具有可信度的 CIHFWA 算子将通过一致性检验的每个指标所对应的具有可信度的犹豫模糊数进行集结，得出满足一致性条件的各个指标的综合评价值 h_{ij}。计算所有方案中同一指标所对应的综合评价值 h_{ij} 的加权变异率。

（5）对具有不完全信息的指标优先级按照 6.2.2 节中的内容对不完全指标进行修正并确定指标重要性理想排序，按照加权变异率修正不完全 G1 组合赋权方法确定指标权重 $t = (t_1, t_2, \cdots, t_n)^{\mathrm{T}}$。

（6）利用 HFWA 算子对每个方案通过一致性检验的指标进行集成，按照犹豫模糊得分函数，得分函数越大，方案越好，最终按照大小顺序对集成结果进行降序排列。

7.2　犹豫模糊交互式评价方法在财务评价中的应用

不同的上市公司所对应的资本结构是有区别的，针对我国上市公司现状，评价与优化资本结构、动态研究资本结构对提升上市公司的绩效具有重要的现实意义。

7.2.1　研究背景及指标体系的确定

近年来，资本结构问题引起了众多国内外学者的强烈关注，其对应的基础理论主要包括资本结构是否对公司价值造成影响、资本结构的最优化问题、资本结构的影响因素。研究结果[175]表明，经典莫迪利亚尼-米勒（Modigliani Miller，MM）模型所对应的假设条件并不能完全满足，对资本结构产生影响的现实因素很多，如财税成本、信息不对称。针对这种情况，相关学者开始放宽 MM 模型的假设条件，研究不同视角下的资本结构，并提出了若干资本结构理论：权衡理论、信息不对称理论以及基于控制权的理论等[176]。但对于是否存在最优资本结构问题，相关学者意见仍然不统一，主要受公司本身具有的异质性、行业特性以及所处环境的影响。不过，大多学者认同资本结构会影响公司价值这个观点[177-182]。

国内外学者研究了资本结构的影响因素并对其进行了评价与优化，取得了一系列研究成果[183-189]。何进日等[189]建立了资本结构评价体系，概括了影响我国上市公司资本结构的 15 个指标，并且提炼出 5 大影响因子，分别是营利能力因子、公司规模因子、稳定性和变异性因子、股权流通因子、成长性因子。陈瑜[190]认为公司规模因子、财务风险因子、资产担保因子、股权结构因子、成长性因子、营利能力因子是影响上市公司资本结构的主要指标。田丽[191]利用因子分析方法概括了影响上市公司资本结构的 6 大指标，分别是公司债权结构指标、公司规模与人力资本结构指标、公司营利能力指标、公司成长性指标、公司经营能力指标、公司股权结构指标。分析以上研究成果，本书认为公司规模与人力资本结构指标、公司经营能力指标都是反映公司当前基础能力的指标，可以概括为公司基础能力指标[132]。因此，本书从以下 5 个方面对上市公司的资本结构进行评价：公司债权结构指标 G_1、公司营利能力指标 G_2、公司股权结构指标 G_3、公司基础能力指标 G_4、公司成长性指标 G_5。

7.2.2　基于犹豫模糊交互式评价方法的财务评价分析

现需要从实际数据入手对某 4 个上市公司 $A_i(i=1,2,3,4)$ 资本结构的优劣进行综合评价。7.2.1 节对评价上市公司资本结构的指标 $G_j(j=1,2,3,4,5)$ 进行了研究。在此基础上，邀请 9 位相关领域专家 $E=\{e_1,e_2,\cdots,e_9\}$ 组成专家组，请专家组利用具有可信度的犹豫模糊数对上市公司的各个指标进行群体评价，从而构成具有可信度的犹豫模糊评价矩阵，见表 7-1。每个犹豫模糊数所对应的可信度都为初始可信度。要求专家组对指标可能具有的优先级进行排序，根据专家对指标的熟悉程度允许指标优先级中出现不完全信息，见表 7-2。

表 7-1　具有可信度的初始犹豫模糊评价矩阵

	G_1	G_2	G_3	G_4	G_5
A_1	{(0.7, 0.4), (0.8, 0.5), (0.4, 0.6), (0.5, 0.8)}	{(0.7, 0.5), (0.5, 0.6), (0.3, 0.7)}	{(0.6, 0.3), (0.6, 0.5), (0.7, 0.6)}	{(0.7, 0.4), (0.8, 0.6), (0.7, 0.7)}	{(0.6, 0.6), (0.6, 0.7), (0.7, 0.8)}
A_2	{(0.6, 0.4), (0.6, 0.5), (0.5, 0.8)}	{(0.4, 0.7), (0.6, 0.8), (0.6, 0.9)}	{(0.4, 0.4), (0.6, 0.6), (0.8, 0.7), (0.5, 0.8)}	{(0.8, 0.3), (0.7, 0.5), (0.8, 0.8)}	{(0.5, 0.5), (0.6, 0.6), (0.6, 0.7)}
A_3	{(0.6, 0.3), (0.5, 0.6), (0.3, 0.9)}	{(0.8, 0.4), (0.3, 0.6), (0.4, 0.9)}	{(0.8, 0.6), (0.5, 0.8), (0.2, 0.9)}	{(0.8, 0.5), (0.7, 0.6), (0.2, 0.8), (0.3, 0.9)}	{(0.8, 0.3), (0.9, 0.5), (0.6, 0.7)}
A_4	{(0.5, 0.2), (0.4, 0.5), (0.5, 0.6)}	{(0.6, 0.4), (0.6, 0.6), (0.1, 0.9)}	{(0.8, 0.3), (0.5, 0.4), (0.6, 0.7), (0.3, 0.9)}	{(0.5, 0.3), (0.4, 0.5), (0.5, 0.8)}	{(0.8, 0.3), (0.8, 0.4), (0.9, 0.5)}

表 7-2 指标优先级排序

	G_1	G_2	G_3	G_4	G_5
e_1	2	1	4	3	5
e_2	3	2	5	1	4
e_3	2	3	5	1	4
e_4	2	×	4	1	3
e_5	3	1	4	×	2
e_6	1	2	×	3	4
e_7	3	1	×	×	2
e_8	2	×	×	1	3
e_9	3	×	×	2	1

注：×表示不完全指标优先级，专家未给出优先级

利用 7.1.3 节的考虑可信度与不完全指标优先级的犹豫模糊交互式评价方法对上述 4 个上市公司的资本结构进行综合评价，从而得到其优劣排序，具体评价步骤如下。

（1）利用具有可信度的 CIHFWA 算子将每个指标所对应的具有可信度的犹豫模糊数进行集结，得出每个上市公司的各个指标的综合评价值，见表 7-3。利用式（7-1）计算每个指标中的具有可信度的犹豫模糊数与所对应指标集成后的综合评价值之间的指标关联度 $\bar{C}(h_{ij}, h_{ijp})$，见表 7-4，基本关联度公式为式（7-5），指标关联度具体形式为

$$\bar{C}(h_{ij}, h_{ijp}) = \frac{1}{p}\sum_{k=1}^{p} C(h_{ij}, h_{ijk}) = \frac{1}{p}\sum_{k=1}^{p} \frac{\sum_{j=1}^{k}(h_{ij})(l_{ijk}^{\tau(j)}\gamma_{ijk}^{\tau(j)})}{\max\left\{\sum_{j=1}^{k}(h_{ij})^2, \sum_{j=1}^{k}(l_{ijk}^{\tau(j)}\gamma_{ijk}^{\tau(j)})^2\right\}}$$

表 7-3 经过信息集成后的指标综合评价值

	G_1	G_2	G_3	G_4	G_5
A_1	0.334	0.289	0.307	0.424	0.453
A_2	0.317	0.444	0.386	0.438	0.347
A_3	0.252	0.291	0.365	0.320	0.376
A_4	0.204	0.238	0.288	0.258	0.343

表 7-4　每个指标所对应的初始关联度

	G_1	G_2	G_3	G_4	G_5
A_1	0.807	0.839	0.765	0.803	0.843
A_2	0.832	0.792	0.750	0.677	0.837
A_3	0.829	0.778	0.722	0.726	0.790
A_4	0.717	0.677	0.788	0.667	0.799

（2）假设专家组事先给出指标关联度的阈值 $\alpha = 0.7$。大部分指标关联度满足一致性条件 $\overline{C}(h_{ij}, h_{ijp}) \succ 0.7$，而上市公司 2 中的第 4 个指标以及上市公司 4 中的第 2 个指标和第 4 个指标的指标关联度 $\overline{C}(h_{ij}, h_{ijp}) \prec 0.7$，即表示这 3 个指标中存在偏离较大的元素。分析这 3 个指标中每个元素所对应的关联度，具体如下：

$$C(h_{2\times4}, h_{2\times4\times1}) = 0.548, C(h_{2\times4}, h_{2\times4\times2}) = 0.800, C(h_{2\times4}, h_{2\times4\times3}) = 0.684$$

$$C(h_{4\times2}, h_{4\times2\times1}) = 0.991, C(h_{4\times2}, h_{4\times2\times2}) = 0.661, C(h_{4\times2}, h_{4\times2\times3}) = 0.378$$

$$C(h_{4\times4}, h_{4\times4\times1}) = 0.581, C(h_{4\times4}, h_{4\times4\times2}) = 0.774, C(h_{4\times4}, h_{4\times4\times3}) = 0.646$$

从以上各个指标中的元素所对应的关联度可知：上市公司 2 中的第 4 个指标的第 1 个元素偏离最大，即犹豫模糊数（0.8，0.3）为偏离元素；上市公司 4 中的第 2 个指标的第 3 个元素偏离最大，即犹豫模糊数（0.1，0.9）为偏离元素；而上市公司 4 中的第 4 个指标的第 1 个元素偏离最大，即犹豫模糊数（0.5，0.3）为偏离元素。通过分析知这 3 个元素的综合评价值分别为 0.24、0.09、0.15，偏离的原因都是综合评价值过小，应当将该指标中的这个偏离的犹豫模糊数以及所对应指标的综合评价值反馈给专家组，要求专家组对涉及的犹豫模糊数的可信度以及评价值进行重新评估。由于需要强调这个偏离值的评价意见，本节采用式（7-8）对专家组给出的这个新的犹豫模糊数进行适当修正。

专家组给出重新评估的元素如下：将上市公司 2 中的第 4 个指标的第 1 个元素（0.8，0.3）修改为（0.8，0.4）；上市公司 4 中的第 2 个指标的第 3 个元素（0.1，0.9）修改为（0.2，0.8）；上市公司 4 中的第 4 个指标的第 1 个元素（0.5，0.3）修改为（0.6，0.4）。经过重新评估后的这 3 个元素综合评价值分别为 0.32、0.16、0.24，而经过式（7-8）修正后的综合评价值分别为 0.386、0.246、0.272。将其代入式（7-1），分别得

$$\overline{C}(h_{2\times4}, h_{2\times4\times p}) = 0.763 \succ 0.7$$

$$\overline{C}(h_{4\times2}, h_{4\times2\times p}) = 0.946 \succ 0.7$$

$$\overline{C}(h_{4\times4}, h_{4\times4\times p}) = 0.778 \succ 0.7$$

由结果知修正后的犹豫模糊数都满足一致性条件，则满足一致性条件的犹豫模糊评价矩阵见表 7-5。

表 7-5　满足一致性条件的犹豫模糊评价矩阵

	G_1	G_2	G_3	G_4	G_5
A_1	{(0.7, 0.4), (0.8, 0.5), (0.4, 0.6), (0.5, 0.8)}	{(0.7, 0.5), (0.5, 0.6), (0.3, 0.7)}	{(0.6, 0.3), (0.6, 0.5), (0.7, 0.6)}	{(0.7, 0.4), (0.8, 0.6), (0.7, 0.7)}	{(0.6, 0.6), (0.6, 0.7), (0.7, 0.8)}
A_2	{(0.6, 0.4), (0.6, 0.5), (0.5, 0.8)}	{(0.4, 0.7), (0.6, 0.8), (0.6, 0.9)}	{(0.4, 0.4), (0.6, 0.6), (0.8, 0.7), (0.5, 0.8)}	{(0.8, 0.4), (0.7, 0.5), (0.8, 0.8)}	{(0.5, 0.5), (0.6, 0.6), (0.6, 0.7)}
A_3	{(0.6, 0.3), (0.5, 0.6), (0.3, 0.9)}	{(0.8, 0.4), (0.3, 0.6), (0.4, 0.9)}	{(0.8, 0.6), (0.5, 0.8), (0.2, 0.9)}	{(0.8, 0.5), (0.7, 0.6), (0.2, 0.8), (0.3, 0.9)}	{(0.8, 0.3), (0.9, 0.5), (0.6, 0.7)}
A_4	{(0.5, 0.2), (0.4, 0.5), (0.5, 0.6)}	{(0.6, 0.4), (0.6, 0.6), (0.2, 0.8)}	{(0.8, 0.3), (0.5, 0.4), (0.6, 0.7), (0.3, 0.9)}	{(0.6, 0.4), (0.4, 0.5), (0.5, 0.8)}	{(0.8, 0.3), (0.8, 0.4), (0.9, 0.5)}

（3）利用具有可信度的 CIHFWA 算子将通过一致性检验的每个指标所对应的具有可信度的犹豫模糊数重新进行集结，得出满足一致性条件的各个指标的综合评价值 h_{ij}，见表 7-6。利用式（3-40）计算所有上市公司中同一指标所对应的指标综合评价值 h_{ij} 的加权变异率 v_j。

表 7-6　满足一致性条件的指标综合评价值

	G_1	G_2	G_3	G_4	G_5
A_1	0.334	0.289	0.307	0.424	0.453
A_2	0.317	0.444	0.386	0.476	0.347
A_3	0.252	0.291	0.365	0.320	0.376
A_4	0.204	0.284	0.288	0.296	0.343

每个指标所对应的加权变异率如下：

$$v_1 = 0.066, v_2 = 0.077, v_3 = 0.061, v_4 = 0.041, v_5 = 0.040$$

（4）对具有不完全信息的指标优先级进行修正并确定指标重要性理想排序。由 6.2.2 节知：专家 e_1，e_2，e_3 所给的排序为完全指标排序，视为有效排序；专家 e_4，e_5，e_6 所给的排序中有漏排指标现象但排序中包含所有指标，满足修正条件，应该被保留；专家 e_7，e_8，e_9 所给的排序不满足修正条件，应当被舍弃。

将专家 e_4，e_5，e_6 所给的排序代入式（6-34）和式（6-35）得每个指标得分均值：

$$\bar{G}_1' = 3, \bar{G}_2' = 3.5, \bar{G}_3' = 1, \bar{G}_4' = 3, \bar{G}_5' = 2$$

把指标得分均值分别与专家 e_4，e_5，e_6 所给的不完全信息排序得分进行对比，按大小把缺失指标插入专家给出的不完全排名中，大小相同者对比加权变异率，得出每位专家的所有指标序关系：

$$e_4 = \{G_2 \succ G_4 \succ G_1 \succ G_5 \succ G_3\}, e_5 = \{G_2 \succ G_4 \succ G_5 \succ G_1 \succ G_3\},$$
$$e_6 = \{G_1 \succ G_2 \succ G_4 \succ G_5 \succ G_3\}$$

计算一位专家与其他两位专家的斯皮尔曼等级相关系数：

$$\overline{V}'_{e_4} = 0.8, \overline{V}'_{e_5} = 0.65, \overline{V}'_{e_6} = 0.55$$

由于 0.8 大于一致性检验临界值（0.7），则专家 e_4 修正后的排序通过一致性检验，而专家 e_5，e_6 修正后的排序被舍弃。剩余的专家完全排序见表 7-7，将专家 e_4 修正后的排序与专家 e_1，e_2，e_3 所给的完全排序一起进行斯皮尔曼等级相关系数检验，得

$$\overline{V}_{e_1} = 19/30, \overline{V}_{e_2} = 0.8, \overline{V}_{e_3} = 0.7, \overline{V}_{e_4} = 0.8$$

由于 $\overline{V}_{e_1} = 19/30 \prec 0.7$，专家 e_1 所给的指标排序未通过一致性检验，应当被舍弃，剩余通过一致性检验的指标排序见表 7-8。对通过一致性检验的专家 e_2，e_3，e_4 所给的完全排序再次用式（6-34）和式（6-35）求指标得分均值：

$$\overline{G}_1 = 10/3, \overline{G}_2 = 4, \overline{G}_3 = 1, \overline{G}_4 = 14/3, \overline{G}_5 = 2$$

按照大小进行排序，则指标总的排序结果为 $G_4 \succ G_2 \succ G_1 \succ G_5 \succ G_3$，由定理 6.1 知，该排序结果即理想排序。

表 7-7　经过第一轮一致性检验后剩余的指标优先级排序

	G_1	G_2	G_3	G_4	G_5
e_1	2	1	4	3	5
e_2	3	2	5	1	4
e_3	2	3	5	1	4
e_4	3	1	5	2	4

表 7-8　满足一致性条件的指标优先级排序

	G_1	G_2	G_3	G_4	G_5
e_2	3	2	5	1	4
e_3	2	3	5	1	4
e_4	3	1	5	2	4

（5）利用 6.2.2 节中的加权变异率修正不完全 G1 组合赋权方法确定指标权重：

$$t = (0.271, 0.266, 0.179, 0.142, 0.142)^{\mathrm{T}}$$

利用 HFWA 算子对每个上市公司通过一致性检验的指标进行集成，结果如下：

$$\mathrm{HFWA}(A_1) = 0.350, \quad \mathrm{HFWA}(A_2) = 0.393$$
$$\mathrm{HFWA}(A_3) = 0.311, \quad \mathrm{HFWA}(A_4) = 0.274$$

由犹豫模糊得分函数可知，得分函数越大，上市公司越好，则上市公司的最终排序为

$$\text{HFWA}(A_2) \succ \text{HFWA}(A_1) \succ \text{HFWA}(A_3) \succ \text{HFWA}(A_4)$$

最优上市公司是上市公司 2。

7.3　本　章　小　结

本章首先分析了交互式评价的基本原理与方法，指出了一般交互式评价过程中存在的局限性，并提出了一种改进的考虑可信度的犹豫模糊交互式评价流程。其次基于考虑可信度的犹豫模糊评价矩阵和各个指标综合评价值之间的一致性程度，给出了交互式评价过程中具有可信度的犹豫模糊数的修正方法，弥补了目前已有的相关研究缺少考虑专家可信度修正问题的局限。最后结合加权变异率修正不完全 G1 组合赋权模型，提出了一种考虑可信度与不完全指标优先级的犹豫模糊评价方法，并将该方法应用到上市公司的财务评价中。

第 8 章　模糊决策思维在社会治理中的应用研究

经济管理问题趋于复杂化，逐渐出现了很多模糊量，这些模糊量无法使用数据精确计量。例如，对人民经济条件感受的评价，有富裕、小康、低收入等；对产品质量的评价，有好、中、差等，这些就是模糊量。模糊量大多可以使用模糊思维去解决。本章采用模糊决策思维方式研究社会治理中的"智治"水平及其提升策略，以及推进社会治理能力现代化和构建新发展格局进程中遇到的问题及其对策。

8.1　模糊决策思维在推进社会治理向"智治"转变中的应用

本节从社会治理的发展形势出发，深入剖析广东省推进社会"智治"面临的问题，并就进一步以科技创新推进广东省社会"智治"水平提出具体对策和建议。

8.1.1　社会治理模式向"智治"转变是大势所趋

当前，新一轮技术革命正处在大变局中，数字技术被广泛应用在日常工作生活中，深刻影响着社会发展的各个方面。随着社会环境的不断变化，社会治理难度加大，传统的社会治理模式越来越难以适应新的社会治理需求。在此背景下，将人工智能、云计算、大数据、区块链等新一代信息技术与社会治理内容相结合，以凝聚居民意见与诉求、推动多元力量参与、整合多方治理资源、大幅提高治理效能的新型治理模式——社会"智治"应运而生，并受到社会各界的广泛关注。

1. 技术进步正在加速社会"智治"进程

近年来，人工智能等新一代信息技术蓬勃发展，前沿技术不断涌现，推动社会治理方式发生重大变革，社会"智治"进程不断加快。在治理主体方面，数字技术催生微信、微博、抖音、快手、小红书、哔哩哔哩等一大批新媒体软件，公众对社会事件的关注、参与度及影响超过了以往任何一个时代，社会治理主体由政府人员的单一主体转变为社会各领域各群体的多元主体；在治理手段方面，新一代信息技术通过海量数据和信息的快速挖掘、整理、存储及共享，提高决策的精准性、专业性和科学性，治理手段由传统的单一化、静态化、粗放式向智能化、多样化、精准化转变；在治理模式方面，政府运用数字政府、电子化政务服务平台，实现信息资源的共建共享和治理系统的高效协同，由传统上各地各部门条分缕析向"合纵连横"立体网络转变，政府治理效率、质量、覆盖面全面提升。

2. "智治"是社会治理的内在需求

随着国内外环境日益复杂严峻，社会治理智能化发展成为社会治理内在需求的必然结果。从外部来看，单边主义、保护主义上升，全球价值链由垂直互补向水平竞争转变，外部风险隐患增多。作为中美贸易战的重灾区，广东省高科技企业备受打压，产业链、供应链安全方面面临着严重威胁。从国内来看，我国经济进入转型发展攻关期，经济增长减速，传统动能不足，各种经济和社会风险累积，尤其是广东省，历史任务艰巨，社会治理难度加大。从自身来看，广东省市场经济活跃、改革程度深远、外来人口较多，社会矛盾早发多发。尤其是近期，广东省作为外贸大省，企业对外依存度较高，随着外部环境恶化，经济发展和企业生存面临严峻考验，社会不稳定因素增多。这些问题进一步凸显了创新社会治理理念、提高社会治理智能化的必要性和紧迫性。

3. 推进社会"智治"逐渐成为各方共识

一方面，党和国家高度重视科技创新与社会治理的深入融合，着力提高社会治理的智能化、专业化水平。习近平总书记在多次重要讲话中强调，要更加注重联动融合、开放共治，更加注重民主法治、科技创新，提高社会治理社会化、法治化、智能化、专业化水平，提高预测预警预防各类风险能力[①]。总书记的重要指示批示和国家重大会议的决策部署充分体现了党和国家对科技支撑社会治理智能化发展的高度重视，是党和国家立足时代前沿、把握历史大势、努力推进社会治理体系和治理能力现代化进程的重要体现，更是广东省推进社会"智治"的工作指南和行动纲领。另一方面，社会"智治"成为社会政策研究和治理实践中备受关注的热点问题。近年来，各领域对社会"智治"的研究日益增多，根据中国知网数据库的检索和计量可视化分析，2014 年以来，以"社会治理智能化"为主题词的文章（包括报纸、期刊、辑刊、硕博士学位论文、会议文集）发表数量呈逐渐增多趋势。现有研究重点关注如何促进人工智能、大数据、互联网等技术与社会治理的有效融合，进而提升社会治理智能化水平，说明当前社会各界对于依托科技创新提升社会治理智能化水平已初步达成共识，寻找更为精准、高效和专业化的社会治理方案已经成为学术界、理论界以及管理者关注和探讨的焦点。

---

① 人民网. 习近平总书记创新社会治理的新理念新思想[EB/OL]. （2017-08-17）[2022-05-01]. http://theory. people.com.cn/n1/2017/0817/c83859-29476974.html

8.1.2　广东省开展社会"智治"面临的问题

近年来，广东省在推进社会"智治"方面开展了一些探索，如建设"智慧城市"和"数字政府"、开展"互联网＋政务服务"、开发"粤省事"小程序等，为加快广东省社会治理现代化进程奠定了良好的基础，取得了较好成效，但仍存在一些问题。本节将结合广东省实际情况，分析广东省当前推动社会"智治"面临的困境。

1. 缺乏整体规划和设计

广东省尚未出台推进社会"智治"方面的统一规划，这严重落后于国内其他省区市。广东省尚未明确社会"智治"的建设目标和建设标准，也未确定责任主体和职责分工，导致社会治理资源之间缺乏有效整合。政府各部门之间没有建立有效的共建共享机制，存在"九龙治水"、多头治理的现象，省级和地市政府之间及公安、环保、科技等横向部门之间存在信息壁垒和数据高墙，未能将信息高效整合利用。

2. 政府信息化处理能力尚待提升

广东省乃至全国的信息化处理能力尚需提升，政府对社会运行的精确感知、对公共资源的高效配置、对异常情形的及时预警、对突发事件的快速处置等方面还有待加强。仍有很多地方部门使用笔、纸、表等传统方式进行信息反馈，使用物联网、大数据和云计算进行数据自动采集、传输和分析的实践并不多，这严重影响了社会治理的预见性、主动性、科学性和时效性。

3. 专业技术人才匮乏

社会"智治"对社会治理人员的要求很高，不但要求其具有社会治理的思维和能力，还要懂得新一代信息技术，并且可以熟练运用这些技术提高科学决策的能力和水平。但从目前实际情况来看，广东省相关的专业技术人才比较匮乏，尤其在基层治理层面，其智能化基础设施比较落后，掌握提高社会治理效能的智能产品的工作人员很少，人工进行数据和信息的采集、处理和分析仍为主导治理模式。

4. 社会治理环境有待完善

当前，广东省在数据信息的安全性、个人隐私保护、相关法治建设以及公众对于社会治理智能化发展的接受程度方面还存在不足。例如，一些应用程序对个人信息进行非授权、超范围采集，这些均涉及个人隐私和信息的泄露。目前广东省还没有相关的立法规定，这对社会智能化治理的推进形成了一定的阻碍。

8.1.3　进一步推进社会治理向"智治"转变的对策建议

为全面贯彻落实党的十九届四中全会关于社会治理的重要指示精神，本书提出加快推进"智治"水平的对策建议。

1. 加快制定工作方案

加强前瞻部署和顶层设计。成立"智治"工作领导小组，明确政府各部门在社会"智治"方面的职能职责，制定一套细致可行的规划、方案或行动计划，明确广东省社会治理智能化发展的具体路径、方式、责任主体和目标要求，推进社会治理与互联网、大数据、智能控制等信息技术的融合发展，增强其发展的系统性、前瞻性和协同性，推进社会治理现代化水平。

2. 完善法治建设

"智治"建设是一项系统工程，充满不确定性和危机性等，需要法治的保驾护航。面对"智治"进程中的新情况，如网络数据采集、人机互动共治等，应当尽快通过立法保障"智治"合情合法。围绕社会安全和社会治理，充分考虑隐私保护、信息安全与伦理等问题，建立健全生物安全、个人信息保护、数据安全等方面的法律法规，采取数据和个人信息安全保护措施，防止核心数据中心被入侵。

3. 实施重大科技专项

围绕社会治理方面的重大科技需求，实施一批重大科技专项，采用揭榜制、承包制等方式遴选高层次科研团队，攻克一批关键核心技术，在环境治理、社会治安、食品安全、应急管理等社会治理领域形成一批解决方案、技术装备和示范应用工程，强化社会"智治"的现代化先进技术支撑。同时，加强先进技术在智慧城市建设和社会治理场景中的应用推广，使社会服务呈现更多的智慧模式，如探索智能终端、智能政务服务机器人等。

4. 加强人才队伍建设

创新人才培养模式，培养一批既懂新一代信息技术又具备社会治理思维的高素质专业化人才。一是加大对政府、事业单位、社会管理组织人员的技术培训，推动其对大数据、人工智能、区块链等技术的掌握应用，提高其数据信息处理能力。二是多吸引、招纳人工智能等专业的人员进入社会治理系统，充分利用其技术优势为社会治理智能化发展提供帮助。三是加强智库建设，积极引进和培养研究院所、高等学校、知名企业的具有国际视野和能力的高端人才搭建高水平新型智库。

5. 加大政企合作力度

与省内外行业领军企业（华为、腾讯、迈瑞医疗等）开展深度合作，围绕城市治理智能化定期组织讨论，以深化、扩展"智治"在环境保护、智慧社区、交通治理、智慧商圈等领域的应用，形成知名企业带头、产业链共同参与的技术创新合作圈，并积极鼓励和引导相关高校院所共同参与，争取构建政府、知名企业和高校院所更加紧密的新型合作机制。

8.2　模糊决策思维在推进社会治理现代化中的应用

城市是国家经济、政治、文化、社会活动的中心载体，城市治理是国家治理的关键环节。经过 40 多年来的快速发展，我国城市的空间结构和运行机制发生了深刻的变革，目前仍面临很多问题，如城市区域发展不平衡、应对公共突发事件乏力。新形势下，迫切需要坚持运用科技创新技术，树立全周期管理意识，有效运用财税优惠政策，加快推动城市治理体系和治理能力现代化，走出一条符合中国城市特点规律的治理新路径。

8.2.1　技术创新是推进社会治理现代化的必由之路

1. 技术创新是城市治理能力提升的新引擎

一方面，科技革命与强国兴衰紧密联系。从 18 世纪的英国，到 19 世纪末 20 世纪初的美国，抓住科技革命机遇的大国均实现了国家崛起。当今世界，新一轮科技革命和产业变革浪潮涌来，紧跟科技浪潮、带动经济社会快速发展是我国的重大历史机遇。另一方面，技术创新实现城市治理的有机融合。物联网、云计算、智能网联汽车等新型基础设施建设的投入打破了数据孤岛，智慧城市建设的雏形开始显现，城市一体运行实现联动，政府监管一键可知全局，市民生活一屏可知悉资讯。政府治理的数字化、智能化与公众的获得感、体验感成功实现"双赢"。

2. 技术创新是实现城市治理现代化的新动能

一方面，我国城市化进程速度迅猛。在改革开放以来的 40 多年里，我国的城镇人口快速增加。另一方面，城市问题快速积累和集中爆发。快速、高度时间压缩的城市化进程中，面对空间高度压缩、资源和人口高度聚集状况，经济社会发展和民生改善比过去任何时候都更加需要依托新技术、增强创新动力，汇集众智实现精细治理。

3. 技术创新是未来城市治理的新路径

一方面，现有低碳、脱碳技术无法支撑我国如期实现"碳中和"目标，需加快城市环境、产业发展综合治理，加强低碳、脱碳技术研发及推广运用。另一方面，技术创新使得未来智慧城市治理成为必然。在信息技术和大数据技术的支撑下，收集城市治理的动态数据，并对城市治理数据进行分析研判，以实现城市治理新型有效方法的嵌入，从而极大地提升城市治理水平。

4. 技术创新是缔造世界级湾区的新起点

世界银行的统计数据显示，全球 60%以上的经济总量集中在湾区。湾区经济已成为拉动世界经济的巨大引擎，产生强大的集聚与外溢效应。从产业经济学的视角看，形成湾区经济必须具有强大的产业集群、有力的经济核心、发达的交通网络、创新的领军人才和开放的经济体系。我国构建粤港澳大湾区，力争打造全球第四大湾区，打破纽约湾区、旧金山湾区、东京湾区三足鼎立的湾区格局，形成令人瞩目的新的湾区格局。一方面，广东省作为粤港澳大湾区的核心区域，区域创新能力强。根据《中国区域创新能力评价报告 2020》，广东省区域创新能力连续 4 年居全国首位。2015～2020 年，广东省区域创新能力提升步伐明显快于北京、上海、浙江等 9 个省市，领先优势持续扩大：实力指标排名全国第 1 位，知识创新、知识获取、创新环境排名全国第 2 位，企业创新、创新绩效排名全国第 1 位。另一方面，粤港澳大湾区与其他三大湾区相比仍存在一定差距。《粤港澳大湾区发展规划纲要》作为粤港澳大湾区城市建设的基本纲领，为湾区建设指明了方向，但对各市各部门的行动计划和项目清单未做具体细化，相关部署的落实较难。

8.2.2　以技术创新推进社会治理现代化存在的问题

1. 城市治理能力薄弱

第一，社会治理的理念有待转变和提高。时代在发展，部分管理者的社会治理的理念没有跟上时代的步伐，依然靠过去经验、主观意志和个人偏好来管理，不注重社会治理。第二，对社会治理规律性认识不足。社会治理是一门科学，有自身的发展规律和系统性，涉及人口的流动、城市的规划、大数据智能化信息化等。部分城市管理者对社会治理发展规律认识不足，导致出现发展规划滞后于经济社会的发展或者发展规划经常改动等现象。第三，技术运用缺乏整体规划。近年来，政府各部门陆续出台网上智能平台、小程序试点，但仍呈现点状分布，没有结合城市治理各领域实际问题和发展需要制定总体的行动纲领和项目清单，从而使智慧城市建设部署难以落实。

2. 城市发展不均衡不全面

一方面，城市智慧建设发展不全面。例如，广州市在 2012 年就开始智慧社区试点建设，目前已建成一系列广受好评的智慧项目，惠及部分市民。但同时，城市中仍然存在"背街小巷脏乱差"现象，交通治理中非机动车违规现象频繁发生，部分住宅小区管理不善，水环境治理、垃圾治理的源头分类和末端利用存在短板等。另一方面，城市技术运用不均衡。一些部门、行业在没有充分进行需求调查分析的基础上，高价投入、盲目建设物联网、云计算项目，存在使用率不高的现象。部分技术存在不稳定、与需求配比度不高、使用体验舒适度低等问题，难以满足公众需求。

3. 应对公共突发事件乏力

一方面，在新冠肺炎疫情蔓延时期，人口流动的管控工作信息化水平不高，部分城市大量依靠基层社区工作者和志愿者人工排查，工作效率较低，也容易出现遗漏、交叉感染等问题。另一方面，缺乏网络信息安全预案。在信息技术运用过程中，对人脸识别等技术引发的隐私保护及网络信息安全等问题还没有成熟的应对预案。

4. 跨部门融合协作水平不高

一方面，各部门综合治理成效较低。新型城市管理情况较为复杂，需要各相关部门密切配合，但目前存在配合协作问题，如城市乱停车、无证摊贩占道经营、逆向行驶等问题，致使城市管理效果有待提高。另一方面，公众参与度不高。在城市治理技术运用中尚未建立规范的公众参与的平台和渠道，在规划、设计及测试环节公众参与不足，公众的需求、意见及建议吸纳不足，公众对部分项目的使用意愿和使用体验欠佳。

8.2.3　以技术创新推进社会治理现代化的对策建议

1. 整合优化科技资源配置

第一，提前部署战略性基础性技术。从城市发展迫切需求和长远需求出发，抓紧推进能够快速突破、及时解决问题的技术运用，整合优化科技资源在城市治理中的配置。第二，规避可能存在的信息风险。在顺应城市治理智能化趋势、建立区块链系统存取信息的同时，规避各部门调取系统信息可能存在的风险，消除技术背后的隐患，防止信息泄露。第三，加强城市治理人才队伍建设。发挥高校在科技创新和人才培养、继续教育中的重要作用，创新人才培养模式，培养一批既懂新技术又具备城市治理新思维的高素质的城市管理者和专业化人才，加大对政府、事业单位、社会管理人员的培训提升，吸纳区块链、智能建设等专业技术人员进入城市治理系统，引进高端技术人才，形成战略力量。第四，城市治理的精细化不能简单等同于对科技的大量资金投入，而应建立在精打细算、追求效益的基础上，避免资源投入的浪费和低效。

2. 利用财税手段促进科技成果转化

企业是科技成果转化的主要阵地，我国目前的科研水平和科技成果转化能力还有很大的提升空间。为提升科技成果转化能力，一方面，加大财政扶持力度。2019 年减税降费规模超过 2.3 万亿元，2020 年减税降费规模超过 2.5 万亿元。财税部门出台支持科技创新企业和科研费用投入、加速固定资产折旧等一系列税收优惠政策，加大科研经费投入力度，助力企业实现科技创新。"十四五"时期，政府要进一步完善支持和激励科技成果转化的财政政策。另一方面，建立多元投融资体系，纳入征信体系，营造守信用、协同创新的良好发展环境，以实现科技成果的有效转化，进而提升城市治理体系和能力的现代化。

3. 加强部门协作系统治理

第一，形成城市统一指挥、上下联动的"城市大脑"。例如，上海浦东新区组建了城市运行综合管理中心，形成覆盖设施、运维、环境、交通、安全、执法六大领域的城市运行智能管理体系，打通各部门业务系统，把审批、管理、执法数据关联起来，综合施策，一体化运行。第二，构建城市专常兼备、反应灵敏的全链条管理体系。加强城市管理中各利益相关者的配合协作，吸收公众、科研机构、行业协会等参与城市智慧治理，充分利用各方面能量和智慧。第三，提高预警能力，增强社会治理的系统性、协同性、有效性；加强对社会成员的数据技术教育，与城市管理者签署保密协议，防止出现城市治理对信息的数据依赖情况，缓解市民对信息技术运用的担忧。

4. 树立全周期管理意识

以大数据、云计算和人工智能等科技创新为代表的第四次工业革命本质上是智能的革命，各部门应充分了解和运用最新科学技术，提高事前预测预警预防各类风险的能力，做到源头治理、早期控制；问题发生后，要利用大数据和互联网等新一代新信息技术，靠前指挥，科学决策，快速有效地解决问题；加强事后反思与调整，及时总结经验，优化系统和业务流程，提高预防和解决类似问题的效率。总之，各部门要充分发挥科技创新对事件不同阶段决策制定和实施的支持作用，以实现城市治理的科学化、精细化、智能化。

5. 提升共建共治共享水平

运用科技创新推进城市治理能力现代化涉及三个主体：公众、政府和科技企业。其中，公众是城市治理的服务对象，政府是城市治理的管理者，科技企业是新技术的提供者。在运用科技创新推进城市治理能力现代化的过程中，各级政府不应简单地将项目外包给科技企业，而应增强自身主导意识，聚焦公众需求和城市治理突出问题，充分利用广东省信息产业的优势，让科技创新在实战中管用、基层干部爱用、公众感到受用。

8.3　模糊决策思维在构建新发展格局上的应用

2020 年 11 月，习近平总书记在亚太经合组织第二十七次领导人非正式会议上指出："激发市场主体活力，释放数字经济潜力，为亚太经济复苏注入新动力。"①本节探讨如何利用数字经济构建新发展格局。首先探讨以数字经济助力构建新发展格局是大势所趋，其次深入剖析广东省以数字经济构建新发展格局面临的主要问题，并就进一步以数字经济助推广东省构建新发展格局给出具体对策建议。

8.3.1　以数字经济助力构建新发展格局是大势所趋

数字经济作为数字技术和经济发展相结合的经济发展模式，通过提高科技劳动力结合率提升了单位劳动力经济效能，同时数字经济以其不受时间、地点限制的特点，发挥了强大的经济韧性，展现了其在构建新发展格局路径中作为支撑力和推动力的强大潜能。

1. 在需求侧，数字经济对促进消费升级有显著优势

基于数字经济本身的特点，数字经济促进消费升级有两个主要原因。从消费者的角度来看，随着经济社会发展，经济和生产逐渐丰富的趋势必然导致消费升

---

① 新华网. 习近平在亚太经合组织第二十七次领导人非正式会议上的讲话（全文）[EB/OL].（2020-11-20）[2022-05-01]. http://www.xinhuanet.com/politics/leaders/2020-11/20/c_1126767392.htm

级，伴随这一趋势，数字技术已逐步渗透到生产生活的各个方面。数字经济产品作为一种新型消费品已经逐步获得消费者的认可，数字及创意产品逐步成为一种重要的日常消费品。从数字产品的角度来看，数字产品的生产成本主要来源于智力资源，产品一经生产，复制成本极小，交易成本主要来源于分发渠道，边际成本极低。此外，数字产品作为消费品，消费时间和分发时间取决于网络畅通情况，受物流影响极小，具有强大的抗干扰能力。

2. 在供给侧，数字经济对促进产业升级有显著优势

从供应链的角度来看，数字产品的生产过程需要上下游产业配合。为了适应数字经济发展和提高生产效率，数字技术的渗透客观上促进了相关企业数字化升级，从而持续带动了上下游相关企业的产业升级。产业数字化升级促进了劳动力科技结合率的提高，为下一步经济发展带来了新的动能。从生产模式和消费需求培育的角度来看，随着数字经济的发展，数字技术在生产中的渗透会带动全产业数字化、智能化改造，数字经济时代培育出的新生产模式又会反过来塑造新的生产消费关系，创造新的消费模式和消费需求。

3. 在经济循环中，数字经济对打通堵点有显著优势

畅通无阻的经济循环是构建新发展格局的基础。无论是国内生产市场循环还是国际商品流通循环，经济发展和产业发展都离不开畅通的互联循环。我国经济发展也注重打通产业链和供应链中的堵点，并在打通各个堵点的过程中释放强大的动能。在构建新发展格局中，数字经济借助新技术的优化作用，在新生产、新物流、新消费等经济循环的各个环节持续降低交易成本、打通信息堵点、打破信息壁垒，进一步畅通经济循环，为不断深化市场改革提供技术支撑，释放强大动能。

8.3.2　广东省以数字经济构建新发展格局面临的问题

2020 年国内生产总值为 1015986 亿元，其中广东省地区生产总值为 110760.94 亿元，居全国第一，拥有雄厚的经济基础。从 2020 年广东省地区生产总值来看，第一产业占比约 4.30%，第二产业占比约 39.23%，第三产业占比约 56.47%，广东省产业结构逐步优化调整，产业协同性逐步增强。2020 年广东省社会消费品零售总额达 40207.85 亿元，消费市场潜力十足。良好的经济基础、丰富的需求市场、完善的产业链条、产业结构转型所呈现的良好态势都是广东省构建新发展格局的先发优势和坚实基础，但是一些问题仍制约了广东省进一步深化市场机制改革、构建新发展格局。

1. 区域间经济发展极不均衡，阻碍数字广东建设

广东省经济总量已连续 30 多年居全国首位。但从各地级市的地区生产总值可以看出，广东省内区域经济发展极不均衡，经济发达地区集中在珠三角城市群和其他核心城市。2020 年广东省地区生产总值为 110760.94 亿元，深圳市和广州市是广东省经济增长的重要支撑力量，2020 年深圳市地区生产总值达 27670.24 亿元，占全省地区生产总值的 25.0%，广州市地区生产总值为 25019.11 亿元，占全省地区生产总值的 22.6%。仅深圳、广州两个城市的地区生产总值已达全省地区生产总值的 47.6%，接近一半，剩余 19 个地级市的地区生产总值占比仅 52.4%。珠三角城市群（包括广佛肇、深莞惠、珠中江 3 个新型都市区，共 9 个城市）是广东省经济发展的核心区域，2020 年珠三角城市群地区生产总值为 89523.86 亿元，占全省地区生产总值的 80.8%，剩余 12 个城市地区生产总值占比仅 19.2%。从城际对比来看，2020 年云浮市地区生产总值最低，仅 1002.18 亿元，深圳市地区生产总值是其 27.6 倍，广州市地区生产总值是其 25.0 倍。

2. 传统产业数字化程度不高，数字化改造动力不足

经过 40 余年的对外开放，广东省制造业"两头在外"的生产模式导致传统产业丰富，纺织服装、生物医药与健康、家用电器、建筑材料、现代农业与食品及汽车等产业集群高度发达及出口贸易依赖的特点。同时，近 20 年依托创新发展和众多研究院所的智力资源，广东省信息产业企业实力强劲，在软、硬件产业中均具有领先优势。根据中国信息通信研究院广州分院 2020 年发布的《粤港澳大湾区数字经济发展与就业报告》，2019 年广东省数字经济规模达 4.9 万亿元，年增速达 13.3%，深圳市、广州市数字经济规模均超 1 万亿元，广东省数字技术具有坚实的发展基础。虽然广东省传统产业丰富，有高新技术企业作为支撑，但是传统产业仍旧普遍存在数字化程度不足的问题。主要原因在于占据相当大比例的传统行业企业和中小微企业对原经营模式的认可和经营路径的依赖程度较高，生产技术及产品与数字技术融合不足，同时营收模式较为单一，且受资金、技术等多种条件的约束，数字化改造的意愿和动力不足，短期内实现进一步数字化升级比较困难。

3. 供给端滞后于消费需求，优质的在线产品有效供给不足

国家统计局在 2021 年 5 月 11 日发布了第七次全国人口普查的主要数据，2021 年全国人口共 141178 万人，这说明中国 14 亿人规模的超大市场的基本面没有改变，深挖用户需求，才能更好地促进内循环的搭建。随着数字经济的发展，消费者的消费习惯发生了重大变化。中国互联网信息中心的最新报告显示，我国在线教育用户规模达 4.23 亿人；iiMedia Research（艾媒咨询）公布数据，2020 年

前三季度我国在线直播用户达 5.26 亿人，不难发现消费者正在将部分线下消费向线上转移，同时线上消费的黏性逐步增强。此外，从消费需求结构来看，2020 年广东省社会消费品零售总额达 40207.85 亿元，商品零售、餐饮服务零售略有下降，升级类（如金银珠宝类、体育娱乐用品类、书报杂志类）消费品零售分别增长 6.4%、1.5%、25.2%。这说明居民消费需求结构在逐渐发生变化，由基本生活消费需求不断向升级类消费需求转化，消费的产品也逐渐向中高端产品转移。考虑广东省产业结构以传统产业为主，主要产品相对处于产业链中低端，高附加值产品总体比例仍然偏低，中低端技术含量的工业产品比例偏高，广东省居民高品质、多层次、多样化的消费需求还有待挖掘、释放。

　　4. 数字人才供应不足

　　数字人才供给短缺严重制约了广东省经济数字化的发展。根据国家统计局发布的第七次全国人口普查主要数据，广东省仍为人口第一大省，超 1.26 亿人，且 15～59 岁人口比例最高（约为 68.80%），65 岁及以上人口比例较低（约为 8.58%），反映了广东省丰富的人力资源和强大的生产消费潜力。但从教育程度来看，广东省每 10 万人中有 15699 人拥有大学学历，而北京市每 10 万人中有 41980 人拥有大学学历，上海市每 10 万人中有 33872 人拥有大学学历，天津市每 10 万人中有 26940 人拥有大学学历，宁夏回族自治区每 10 万人中有 17340 人拥有大学学历，都高于广东省。广东省高学历人才数量在全国来看属于中下水平，广东省数字经济发展正面临来自人才短缺的巨大挑战。

8.3.3　以数字经济助力广东省构建新发展格局的对策建议

　　1. 加强政府与科技企业协同，加快建设数字广东

　　新技术是数字化转型的重要推动力，数字广东是广东省在管运分离、政企合作的指导下创建的政府与专业互联网机构合作开发服务平台。政策发布反馈机构应立足于对政策内容及企业经营决策场景熟悉的优势，与数字广东优势互补、紧密合作，不断优化算法，让政策发布和反馈更加精确有效。尽量避免不同区域政府与不同技术公司合作，进而避免后期系统整合中的不兼容问题和数据安全问题。为了快速建立政策发布反馈机制，避免重复性探索和财政资源浪费，建议以当前从事相关探索的市区为试点，集中省内资源探索政策拆分和整合模式，优化政策智能推送算法，重塑政企实时交互界面，尽快开发出精准有效的政策发布反馈系统，并总结可复制、可推广的操作流程和运营经验。由于各地级市产业政策源于国家和省级相关政策，具有较大共性，且政策推送依赖的企业数据口径相同，地级市样板形成后可以在全省范围内快速复制推广。

2. 通过数字经济促进薄弱地区经济发展

广东省应继续坚定深化改革路径，与高水平的对外开放相结合，从而推动区域协调联动，推进协调、平衡发展。构建新发展格局是事关全局的系统性、深层次变革，本质上是新时代下的改革开放再出发，要把握新时代的重要战略机遇和关键时间窗口，在现有数字化基础上进一步补齐短板，通过强化统筹，促进区域平衡发展。推进数据统一平台的建设和应用推广，打通城际的数字鸿沟，打破离散的数字孤岛，统合形成大数据资源，构建协同、丰富的数字化应用平台，为建设新型政务服务体系和综合数字治理体系奠定基础。继续推进各产业区域统筹机制建设，推动区域优势资源互补，优化区域分工协作机制，打造区域合作平台，更好地促进珠三角和粤东、粤西、粤北协调发展。为企业立足扎根经济欠发达地区创造良好的营商环境，使其更加制度化、公平化、透明化。同时借助数字经济生产受物理空间影响弱的优势，进一步协助经济薄弱地区引进高新技术人才，树立以人为中心的发展导向，建立人才引进与使用、人力资源开发的长效机制，创造适合人才发挥所长、获得个人发展的政策和生活环境，努力打造创新型人才体系，为各项事业的发展做好人才储备，打牢高新科技发展的人才基础。

3. 增强广东省数字化基础，推动传统企业数字化升级

在推动传统企业数字化升级的过程中，促进高新科技企业和传统企业的同步发展，以市场实践打造成熟可推广的数字化应用。不断推动产业数字化、数字产业化建设，促进产业链、供应链现代化的优化升级。加强城域协作、产业互补，借助数字化打造创新产业集群，推动新型城镇化建设，打造以粤港澳大湾区为核心辐射全省及华南地区的智慧城市集群。坚持创新的核心地位，继续发挥省内丰富高校科研资源和高科技企业的优势，注重发挥高校在现代产业体系构建和传统企业数字化升级中的研究突破作用，增强产学研深度融合，集中力量攻克核心技术，打造更加丰富的、高端的产业链、供应链，培养更多的国际领先的高新技术企业。

4. 通过数字经济催动产业链重构升级，增强供需匹配水平

通过数字经济的发展推动广东省构建新发展格局，推进关键核心技术突破，用创新引领科技产业升级。以畅通国内大循环、促进国内国际双循环为目标，从供给侧结构性改革入手，以扩大内需为战略基点，带动数字消费需求，促进消费升级，提高高质量产品、数字化产品的供给，从而逐渐培育数字消费市场。用数字技术促进产业链升级的同时，为建设制造强国、质量强国、网络强国、数字中国贡献力量，着力使供给结构更优化、供给产品更高质量。稳步推进完善现代金

融体系建设，发挥资本对供给结构的促进作用，拓宽投融资渠道，从而增强企业产业升级动力，促进产业投资结构优化，推动企业技术升级和设备更新。充分利用广东省数字经济方面的优势，利用数字经济平台建设，聚合传统产业，完善产业链条，同时注重深挖用户需求，通过提升传统消费、培育新型消费，形成需求牵引供给，实现供需相互促进的良性循环。

5. 重点培育数字人才，完善人才培育体系建设

创新是第一动力，人才是第一资源。广东省应继续加大高校建设投入，制定学科建设规划，协调学科发展、推动学科内涵式发展，加大科技创新和社会研发投入，重视数字人才培养。完善以创新创业为导向的人才培养机制，构建高端实用的人才发展平台，夯实高校建设的人才基础。引进高层次、高精尖人才的力度应进一步加大，同时完善高端人才管理、培育机制，为高端创新人才留在广东省创造良好条件，从而提高人才储备，为广东省新发展格局建设提供持续的人才供给，为数字经济的发展提供持续动能。

8.4　本章小结

本章从社会治理的发展趋势出发，根据模糊决策思维方式，提出了技术创新是城市治理能力现代化进程中的新引擎、新动能、新路径、新起点，深入剖析了推进城市治理现代化进程中面临的问题：城市治理能力薄弱、城市发展不均衡不全面、应对公共突发事件乏力以及跨部门融合协作水平不高等，并就以技术创新推进城市治理能力现代化提出了具体对策建议：①整合优化科技资源配置；②利用财税手段促进科技成果转化；③加强部门协作系统治理；④树立全周期管理意识；⑤提升共建共治共享水平。

针对广东省社会治理的情况，提出了社会治理模式向"智治"转变是大势所趋，分析了推进社会"智治"面临的一些问题：缺乏整体规划和设计、政府信息化处理能力尚待提升、专业技术人才匮乏以及社会治理环境有待完善等，并就进一步以科技创新推进广东省社会"智治"水平提出了对策建议：①加快制定工作方案；②完善法治建设；③实施重大科技专项；④加强人才队伍建设；⑤加大政企合作力度。

针对广东省构建新发展格局的情况，提出了以数字经济助力构建新发展格局是大势所趋，分析了广东省以数字经济构建新发展格局面临的主要问题：区域间经济发展极不均衡、传统产业数字化程度不高、供给端滞后于消费需求、数字人才供应不足等，并就进一步以数字经济构建新发展格局提出了对策建议：①加强政府与科技企业协同；②通过数字经济促进薄弱地区经济发展；③推动传统企业数字化升级；④通过数字经济催动产业链重构升级；⑤重点培育数字人才。

参 考 文 献

[1]   Bellman R E，Zadeh L A. Decision-making in a fuzzy environment[J]. Management Science，
        1970，17B（4）：141-164.

[2]   Atanassov K T. Intuitionistic fuzzy sets[J]. Fuzzy Sets and Systems，1986，20：87-96.

[3]   Xu Z S. Intuitionistic fuzzy aggregation operators[J]. IEEE Transactions on Fuzzy Systems，
        2007，15：1179-1187.

[4]   Torra V. Hesitant fuzzy sets[J]. International Journal of Intelligent Systems，2010，25（6）：
        529-539.

[5]   Xia M M，Xu Z S. Hesitant fuzzy information aggregation in decision making[J]. International
        Journal of Approximate Reasoning，2011，52：395-407.

[6]   夏梅梅. 模糊决策信息集成方式及测度研究[D]. 南京：东南大学，2012.

[7]   Xu Z S，Da Q L. The ordered weighted geometric averaging operators[J]. International Journal
        of Intelligent Systems，2002，17：709-716.

[8]   Chiclana F，Herrera F，Herrera-Viedma E. The ordered weighted geometric operator：Properties
        and application[C]. Madrid：Proceedings of the 8th International Conference on Information
        Processing and Management of Uncertainty in Knowledge-Based Systems，2000：985-991.

[9]   Yager R R，Filev D P. Induced ordered weighted averaging operators[J]. IEEE Transactions on
        Systems，Man，and Cybernetics，1999，29：141-150.

[10]   Yager R R. Generalized OWA aggregation operators[J]. Fuzzy Optimization and Decision Making，
        2004，3：93-107.

[11]   Zhou L G，Chen H Y. Generalized ordered weighted logarithm aggregation operators and their
        applications to group decision making[J]. International Journal of Intelligent Systems，2010，
        25：683-707.

[12]   Fodor J，Marichal J L，Roubens M. Characterization of the ordered weighted averaging
        operators[J]. IEEE Transactions on Fuzzy Systems，1995，3：236-240.

[13]   Hardy G H，Littlewood J E，Pólya G. Inequalities[M]. Cambridge：Cambridge University
        Press，1934.

[14]   Merigó J M，Gil-Lafuente A M. The induced generalized OWA operator[J]. Information
        Sciences，2009，179：729-741.

[15]   Yager R R. OWA aggregation over a continuous interval argument with applications to decision
        making[J]. IEEE Transactions on Systems，Man，and Cybernetics，2004，34：1952-1963.

[16]   Yager R R，Xu Z S. The continuous ordered weighted geometric operator and its application to
        decision making[J]. Fuzzy Sets and Systems，2006，157：1393-1402.

[17]   Wu J，Li J C，Li H，et al. The induced continuous ordered weighted geometric operators and

their application in group decision making[J]. Computers and Industrial Engineering, 2009, 56: 1545-1552.

[18] Zhou L G, Chen H Y. Continuous generalized OWA operator and its application to decision making[J]. Fuzzy Sets and Systems, 2011, 168: 18-34.

[19] Chen H Y, Zhou L G. An approach to group decision making with interval fuzzy preference relations based on induced generalized continuous ordered weighted averaging operator[J]. Expert Systems with Applications, 2011, 38: 13432-13440.

[20] Merigó J M, Casanovas M. The uncertain induced quasi-arithmetic OWA operator[J]. International Journal of Intelligent Systems, 2011, 26: 1-24.

[21] Xu Z S. A method based on linguistic aggregation operators for group decision making with linguistic preference relations[J]. Information Sciences, 2004, 166: 19-30.

[22] Xu Z S. Uncertain linguistic aggregation operators based approach to multiple attribute group decision making under uncertain linguistic environment[J]. Information Sciences, 2004, 168: 171-184.

[23] Xu Z S. EOWA and EOWG operators for aggregating linguistic labels based on linguistic preference relations[J]. International Journal of Uncertainty Fuzziness and Knowledge-based Systems, 2004, 12: 791-810.

[24] Xu Z S. Incomplete linguistic preference relations and their fusion[J]. Information Fusion, 2006, 7: 331-337.

[25] Xu Z S. An approach based on the uncertain LOWG and induced uncertain LOWG operators to group decision making with uncertain multiplicative linguistic preference relations[J]. Decision Support Systems, 2006, 41: 488-499.

[26] Merigó J M, Gil-Lafuente A M, Zhou L G, et al. Induced and linguistic generalized aggregation operators and their application in linguistic group decision making[J]. Group Decision and Negotiation, 2012, 21 (4): 531-549.

[27] Xu Z S, Yager R R. Some geometric aggregation operators based on intuitionistic fuzzy sets[J]. International Journal of General Systems, 2006, 35: 417-433.

[28] Zhao H, Xu Z S, Ni M F, et al. Generalized aggregation operators for intuitionistic fuzzy sets[J]. International Journal of Intelligent Systems, 2010, 25: 1-30.

[29] Beliakov G, Pradera A, Calvo T. Aggregation Functions: A Guide for Practitioners[M]. Berlin: Springer, 2007.

[30] Schweizer B, Sklar A. Triangle inequalities in a class of statistical metric spaces[J]. Journal of the London Mathematical Society, 1963, 38: 401-406.

[31] Yager R R. On a general class of fuzzy connectives[J]. Fuzzy Sets and Systems, 1980, 4: 235-242.

[32] Dubois D, Prade H. Fuzzy Sets and Systems: Theory and Applications[M]. New York: Academic Press, 1980.

[33] Liu H W, Wang G J. Multi-criteria decision-making methods based on intuitionistic fuzzy sets[J]. European Journal of Operational Research, 2007, 197: 220-233.

[34] Xu Z S, Yager R R. Intuitionistic and interval-valued intutionistic fuzzy preference relations and

their measures of similarity for the evaluation of agreement within a group[J]. Fuzzy Optimization and Decision Making, 2009, 8: 123-139.

[35] Xu Z S, Cai X Q. Nonlinear optimization models for multiple attribute group decision making with intuitionistic fuzzy information[J]. International Journal of Intelligent Systems, 2010, 25: 489-513.

[36] Chen T Y. Bivariate models of optimism and pessimism in multi-criteria decision-making based on intuitionistic fuzzy sets[J]. Information Sciences, 2011, 181: 2139-2165.

[37] Atanassov K, Gargov G. Interval-valued intuitionistic fuzzy sets[J]. Fuzzy Sets and Systems, 1989, 31: 343-349.

[38] Wang W Z, Liu X W. Intuitionistic fuzzy geometric aggregation operators based on Einstein operations[J]. International Journal of Intelligent Systems, 2011, 26: 1049-1075.

[39] Klir G, Yuan B. Fuzzy Sets and Fuzzy Logic: Theory and Applications[M]. Upper Saddle River: Prentice Hall, 1995.

[40] Nguyen H T, Walker E A. A First Course in Fuzzy Logic[M]. Boca Raton: CRC Press, 1997.

[41] Beliakov G, Bustince H, Goswami D P, et al. On averaging operators for Atanassov's intuitionistic fuzzy sets[J]. Information Sciences, 2011, 181: 1116-1124.

[42] Wei G W. Hesitant fuzzy prioritized operators and their application to multiple attribute decision making[J]. Knowledge-Based Systems, 2012, 31: 176-182.

[43] Zhu B, Xu Z S, Xia M M. Hesitant fuzzy geometric Bonferroni means[J]. Information Sciences, 2012, 205: 72-85.

[44] Zhang Z M. Hesitant fuzzy power aggregation operators and their application to multiple attribute group decision making[J]. Information Sciences, 2013, 234: 150-181.

[45] Zhang Z M, Wang C, Tian D Z, et al. Induced generalized hesitant fuzzy operators and their application to multiple attribute group decision making[J]. Computers and Industrial Engineering, 2014, 67: 116-138.

[46] Zhou W. On hesitant fuzzy reducible weighted Bonferroni mean and its generalized form for multi-criteria aggregation[J]. Journal of Applied Mathematics, 2014 (1): 1-10.

[47] Xia M M, Xu Z S, Chen N. Induced aggregation under confidence levels[J]. International Journal of Uncertainty, Fuzziness and Knowledge-Based Systems, 2011, 19 (2): 201-227.

[48] Li L G, Peng D H. Interval-valued hesitant fuzzy Hamacher synergetic weighted aggregation operators and their application to shale gas areas selection[J]. Mathematical Problems in Engineering, 2014: 1-27.

[49] Zhang Z M, Wu C. Some interval-valued hesitant fuzzy aggregation operators based on Archimedean t-norm and t-conorm with their application in multi-criteria decision making[J]. Journal of Intelligent and Fuzzy Systems, 2014, 27: 2737-2748.

[50] Zhou L Y, Zhao X F, Wei G W. Hesitant fuzzy Hamacher aggregation operators and their application to multiple attribute decision making[J]. Journal of Intelligent and Fuzzy Systems, 2014, 26: 2689-2699.

[51] Zhou X Q, Li Q G. Multiple attribute decision making based on hesitant fuzzy Einstein geometric aggregation operators[J]. Journal of Applied Mathematics, 2014 (1): 1-14.

[52]　胡冠中，周志刚. 广义犹豫模糊信息集成及其多属性群决策[J]. 计算机工程与应用，2014，50（22）：38-42.

[53]　Bedregal B，Reiser R，Bustince H，et al. Aggregation functions for typical hesitant fuzzy elements and the action of automorphisms[J]. Information Sciences，2014，255：82-99.

[54]　Rashid T，Husnine S M. Multicriteria group decision making by using trapezoidal valued hesitant fuzzy sets[J]. The Scientific World Journal，2014（4）：304834.

[55]　Wei G W，Wang H J，Zhao X F，et al. Hesitant triangular fuzzy information aggregation in multiple attribute decision making[J]. Journal of Intelligent and Fuzzy Systems，2014，26：1201-1209.

[56]　Zhao X F，Lin R，Wei G W. Hesitant triangular fuzzy information aggregation based on Einstein operations and their application to multiple attribute decision making[J]. Expert Systems with Applications，2014，41：1086-1094.

[57]　Li Y B，Zhang J P. Approach to multiple attribute decision making with hesitant triangular fuzzy information and their application to customer credit risk assessment[J]. Journal of Intelligent and Fuzzy Systems，2014，26：2853-2860.

[58]　Shi J H，Meng C L，Liu Y. Approach to multiple attribute decision making based on the intelligence computing with hesitant triangular fuzzy information and their application[J]. Journal of Intelligent and Fuzzy Systems，2014，27：701-707.

[59]　Chen N，Xu Z S，Xia M M. Interval-valued hesitant preference relations and their applications to group decision making[J]. Knowledge-based Systems，2013，37：528-540.

[60]　Wei G W，Zhao X F，Lin R. Some hesitant interval-valued fuzzy aggregation operators and their applications to multiple attribute decision making[J]. Knowledge-based Systems，2013，46：43-53.

[61]　Peng D H，Wang T D，Gao C Y，et al. Continuous hesitant fuzzy aggregation operators and their application to decision making under interval-valued hesitant fuzzy setting[J]. The Scientific World Journal，2014：897304.

[62]　Zhu B，Xu Z S，Xia M M. Dual hesitant fuzzy sets[J]. Journal of Applied Mathematics，2012：879629.

[63]　Yu D J，Li D F. Dual hesitant fuzzy multi-criteria decision making and its application to teaching quality assessment[J]. Journal of Intelligent and Fuzzy Systems，2014，27：1679-1688.

[64]　Ju Y B，Yang S H，Liu X Y. Some new dual hesitant fuzzy aggregation operators based on Choquet integral and their applications to multiple attribute decision making[J]. Journal of Intelligent and Fuzzy Systems，2014，27：2857-2868.

[65]　Wang C Y，Li Q G，Zhou X Q. Multiple attribute decision making based on generalized aggregation operators under dual hesitant fuzzy environment[J]. Journal of Applied Mathematics，2014：254271.

[66]　Rodríguez R M，Martínez L，Herrera F. Hesitant fuzzy linguistic term sets for decision making[J]. IEEE Transactions on Fuzzy Systems，2012，20：109-119.

[67]　Lin R，Zhao X F，Wang H J，et al. Hesitant fuzzy linguistic aggregation operators and their application to multiple attribute decision making[J]. Journal of Intelligent and Fuzzy Systems，

2014，27：49-63.

[68] Lin R，Zhao X F，Wei G W. Models for selecting an ERP system with hesitant fuzzy linguistic information[J]. Journal of Intelligent and Fuzzy Systems，2014，26: 2155-2165.

[69] Li Q X，Zhao X F，Wei G W. Model for software quality evaluation with hesitant fuzzy uncertain linguistic information[J]. Journal of Intelligent and Fuzzy Systems，2014，26: 2639-2647.

[70] Meng F Y，Chen X H，Zhang Q. Multi-attribute decision analysis under a linguistic hesitant fuzzy environment[J]. Information Sciences，2014，267: 287-305.

[71] Wang J Q，Wu J T，Wang J，et al. Interval-valued hesitant fuzzy linguistic sets and their applications in multi-criteria decision-making problems[J]. Information Sciences，2014，288: 55-72.

[72] Liu X Y，Ju Y B，Yang S H. Some generalized interval-valued hesitant uncertain linguistic aggregation operators and their applications to multiple attribute group decision making[J]. Soft Computing，2016，20（2）: 495-510.

[73] Grabisch M. Fuzzy integral in multicriteria decision making[J]. Fuzzy Sets and Systems，1995，69: 279-298.

[74] Torra V. Information Fusion in Data Mining[M]. Berlin: Springer，2003.

[75] Choquet G. Theory of capacities[J]. Annales de l'Institut Fourier（Crenoble），1954，5: 131-295.

[76] Yu D J，Wu Y Y，Zhou W. Multi-criteria decision making based on Choquet integral under hesitant fuzzy environment[J]. Journal of Computational Information Systems，2011，7（12）: 4506-4513.

[77] Yu D J，Wu Y Y，Zhou W. Generalized hesitant fuzzy Bonferroni mean and its application in multi-criteria group decision making[J]. Journal of Information and Computational Science，2012，9（2）: 267-274.

[78] Torres R，Salas R，Astudillo H. Time-based hesitant fuzzy information aggregation approach for decision-making problems[J]. International Journal of Intelligent Systems，2014，29（6）: 579-595.

[79] Yu D J，Zhang W Y，Xu Y J. Group decision making under hesitant fuzzy environment with application to personnel evaluation[J]. Knowledge-based Systems，2013，52: 1-10.

[80] Xu Z S，Xia M M. Distance and similarity measures for hesitant fuzzy sets[J]. Information Sciences，2011，181（11）: 2128-2138.

[81] 陈秀明，刘业政. 多粒度犹豫模糊语言信息下的群推荐方法[J]. 系统工程理论与实践，2016，36（8）: 2078-2085.

[82] 高志方，赖雨晴，彭定洪. 云计算安全评估的区间犹豫模糊灰色妥协关联分析方法[J]. 计算机应用，2017，37（10）: 2847-2853.

[83] Wei G W，Lin R，Wang H J. Distance and similarity measures for hesitant interval-valued fuzzy sets[J]. Journal of Intelligent and Fuzzy Systems，2014，7: 19-36.

[84] Farhadinia B. Information measures for hesitant fuzzy sets and interval-valued hesitant fuzzy sets[J]. Information Sciences，2013，240（10）: 129-144.

[85] Li D Q，Zeng W Y，Zhao Y B. Note on distance measure of hesitant fuzzy sets[J].

Information Sciences，2015，321（11）：103-115.

[86] Hu J H，Zhang X L，Chen X H，et al. Hesitant fuzzy information measures and their applications in multi-criteria decision making[J]. International Journal of Systems Science，2016，47（1）：62-76.

[87] Zhang X L，Xu Z S. Hesitant fuzzy QUALIFLEX approach with a signed distance-based comparison method for multiple criteria decision analysis[J]. Expert Systems with Applications，2015，42（2）：873-884.

[88] 林松，刘小弟，朱建军，等. 基于改进符号距离的权重未知犹豫模糊决策方法[J]. 控制与决策，2018，33（1）：186-192.

[89] Xu Z S. Multi-person multi-attribute decision making models under intuitionistic fuzzy environment[J]. Fuzzy Optimization and Decision Making，2007，6（3）：221-236.

[90] Park D G，Kwun Y C，Park J H，et al. Correlation coefficient of interval-valued intuitionistic fuzzy sets and its application to multiple attribute group decision making problems[J]. Mathematical and Computer Modelling，2009，50（9-10）：1279-1293.

[91] Xu Z S. A deviation-based approach to intuitionistic fuzzy multiple attribute group decision making[J]. Group Decision and Negotiation，2010，19（1）：57-76.

[92] Xu Z S. Hesitant Fuzzy Sets Theory[M]. Berlin：Springer，2014.

[93] Zhang N，Wei G. Extension of VIKOR method for decision making problem based on hesitant fuzzy set[J]. Applied Mathematical Modelling，2013，37：4938-4947.

[94] Zhang N，Wei G W. A multiple criteria hesitant fuzzy decision making with Shapley value-based VIKOR method[J]. Journal of Intelligent and Fuzzy Systems，2014，26：1065-1075.

[95] Feng X，Zuo W L，Wang J H，et al. TOPSIS method for hesitant fuzzy multiple attribute decision making[J]. Journal of Intelligent and Fuzzy Systems，2014，26（5）：2263-2269.

[96] Beg I，Rashid T. TOPSIS for hesitant fuzzy linguistic term sets[J]. International Journal of Intelligent Systems，2013，28：1162-1171.

[97] Rodriguez R M，Martnez L，Herrera F. A group decision making model dealing with comparative linguistic expressions based on hesitant fuzzy linguistic term sets[J]. Information Sciences，2013，241：28-42.

[98] Wei G W，Wang H J，Zhao X F，et al. Approaches to hesitant fuzzy multiple attribute decision making with incomplete weight information[J]. Journal of Intelligent and Fuzzy Systems，2014，26：259-266.

[99] Ma Z J，Zhang N，Dai Y. A novel SIR method for multiple attributes group decision making problem under hesitant fuzzy environment[J]. Journal of Intelligent and Fuzzy Systems，2014，26（5）：2119-2130.

[100] 刘小弟，朱建军，张世涛. 考虑可信度和方案偏好的犹豫模糊决策方法[J]. 系统工程与电子技术，2014，36（7）：1368-1373.

[101] Xu Z S，Xia M M. Hesitant fuzzy entropy and cross-entropy and their use in multi-attribute decision-making[J]. International Journal of Intelligent Systems，2012，27（9）：799-822.

[102] 朱丽，朱传喜，张小芝. 基于粗糙集的犹豫模糊多属性决策方法[J]. 控制与决策，2014，29（7）：1335-1339.

[103] Xu Z S, Zhang X L. Hesitant fuzzy multi-attribute decision making based on TOPSIS with incomplete weight information[J]. Knowledge-based Systems, 2013, 52: 53-64.

[104] 刘小弟, 朱建军, 张世涛, 等. 考虑属性权重优化的犹豫模糊多属性决策方法[J]. 控制与决策, 2016, 31 (2): 297-302.

[105] 吴婉莹, 陈华友, 周李刚. 区间值对偶犹豫模糊集的相关系数及其应用[J]. 计算机工程与应用, 2015, 51 (17): 140-144.

[106] 刘鹏, 晏湘涛, 匡兴华. 交互式决策中的专家动态权重[J]. 工业工程与管理, 2007, 5: 32-36.

[107] 徐泽水. 基于残缺互补判断矩阵的交互式群决策方法[J]. 控制与决策, 2005, 20 (8): 913-916.

[108] 邱强, 朱建军, 刘思峰, 等. 基于两类残缺偏好信息旳交互式群决策方法研究[J]. 中国管理科学, 2008, 16 (21): 177-181.

[109] 徐泽水. 基于方案达成度和综合度的交互式多属性决策方法[J]. 控制与决策, 2002, 17 (4): 435-438.

[110] Kim S H, Choi S H, Kim J K. An interactive procedure for multiple attribute group decision making with incomplete information: Range-based approach[J]. European Journal of Operational Research, 1999, 118 (1): 139-152.

[111] Kim J K, Choi S H. A utility range-based interactive group support system for multi-attribute decision making[J]. Computers and Operations Research, 2001, 28 (5): 485-503.

[112] Chen J, Lin S. An interactive neural network-based approach for solving multiple criteria decision-making problems[J]. Decision Support Systems, 2003, 36 (2): 137-146.

[113] Xu Z S, Chen J. An interactive method for fuzzy multiple attribute group decision making[J]. Information Sciences, 2007, 177 (1): 248-263.

[114] 燕蜻, 梁吉业. 混合多属性群决策中的群体一致性分析方法[J]. 中国管理科学, 2011, 19 (6): 133-140.

[115] Xu Z S. Fuzzy ordered distance measures[J]. Fuzzy Optimization and Decision Making, 2012, 11 (1): 73-97.

[116] 张欣莉. 基于目标满意度的交互式多目标决策改进方法[J]. 系统工程, 2004, 22 (9): 10-13.

[117] 周宏安. 基于方案贴近度和满意度的交互式不确定多属性决策方法[J]. 数学的实践与认识, 2009, 39 (20): 35-40.

[118] Su Z X, Chen M Y, Xia G P, et al. An interactive method for dynamic intuitionistic fuzzy multi-attribute group decision making[J]. Expert Systems with Applications, 2011, 38 (12): 15286-15295.

[119] 戚筱雯, 梁昌勇, 曹清玮, 等. 区间直觉模糊多属性群决策自收敛算法[J]. 系统工程与电子技术, 2011, 33 (1): 110-114.

[120] 胡玉龙, 黄胜, 侯远杭, 等. 直觉模糊多属性决策自适应一致性算法研究[J]. 武汉理工大学学报, 2011, 33 (12): 106-110.

[121] Xu Z S. Compatibility analysis of intuitionistic fuzzy preference relations in group decision making[J]. Group Decision and Negotiation, 2013, 22: 463-482.

[122] Xu Z S. Intuitionistic fuzzy multiattribute decision making: an interactive method[J]. IEEE Transactions on Fuzzy Systems, 2012, 20 (3): 514-525.

[123] Zadeh L A. Fuzzy sets[J]. Information and Control, 1965, 8 (3): 338-353.

[124] Mizumoto M, Tanaka K. Some properties of fuzzy sets of type 2[J]. Information and Control, 1976, 31 (4): 312-340.

[125] Karnik N N, Mendel J M. Operations on type-2 fuzzy sets[J]. Fuzzy Sets and Systems, 2001, 122 (2): 327-348.

[126] Miyamoto S. Multisets and Fuzzy Multisets[M]. Berlin: Springer, 2000.

[127] Yager R R. On the theory of bags[J]. International Journal of General System, 1986, 13 (1): 23-37.

[128] Xu Z S, Xia M M. On distance and correlation measures of hesitant fuzzy information[J]. International Journal of Intelligent Systems, 2011, 26 (5): 410-425.

[129] Yager R R. Prioritized aggregation operators[J]. International Journal of Approximate Reasoning, 2008, 48: 263-274.

[130] 曾守帧. 基于直觉模糊信息的综合评价问题研究[D]. 杭州: 浙江工商大学, 2013.

[131] Xu Z. On consistency of the weighted geometric mean complex judgment matrix in AHP[J]. European Journal of Operational Research, 2000, 126 (3): 683-687.

[132] 余德建. 两类扩展模糊信息集成算子及其在财务评价中的应用[D]. 南京: 东南大学, 2012.

[133] 王志江, 胡日东. 修正加权变异系数: 度量收入分配平等程度的有用指标[J]. 数量经济技术经济研究, 2006, 6: 134-137.

[134] 洪兴建, 李金昌. 关于基尼系数若干问题的再研究[J]. 数量经济技术经济研究, 2006, 2: 86-96.

[135] Yavuz M, Oztaysi B, Onar S C, et al. Multi-criteria evaluation of alternative-fuel vehicles via a hierarchical hesitant fuzzy linguistic model[J]. Expert Systems with Applications, 2015, 42 (5): 2835-2848.

[136] 廖虎昌, 缑迅杰, 徐泽水. 基于犹豫模糊语言集的决策理论与方法综述[J]. 系统工程理论与实践, 2017, 37 (1): 35-48.

[137] Rodriguez R M, Martinez L, Torra V, et al. Hesitant fuzzy sets: State of the art and future directions[J]. International Journal of Intelligent Systems, 2014, 29: 495-524.

[138] Farhadinia B. A novel method of ranking hesitant fuzzy values for multiple attribute decision-making problems[J]. International Journal of Intelligent Systems, 2013, 28 (8): 752-767.

[139] Farhadinia B. A series of score functions for hesitant fuzzy sets[J]. Information Sciences, 2014, 277: 102-110.

[140] Yu D J. Some hesitant fuzzy information aggregation operators based on Einstein operational laws[J]. International Journal of Intelligent Systems, 2014, 29 (4): 320-340.

[141] 郭显光. 改进的熵值法及其在经济效益评价中的应用[J]. 系统工程理论与实践, 1998, 18 (12): 98-102.

[142] 李刚. 基于熵值修正 G1 组合赋权的科技评价模型及实证[J]. 软科学, 2010, 24(5): 31-36.

[143] 迟国泰, 齐菲, 李刚. 改进群组 G1 组合赋权的省级科学发展评价模型及应用[J]. 系统工程理论与实践, 2013, 33 (6): 1448-1457.

[144] 张海龙，李雄飞，董立岩. 应急预案评估方法研究[J]. 中国安全科学学报，2009，19（7）：142-148.

[145] 于瑛英，池宏. 基于网络计划的应急预案的可操作性研究[J]. 公共管理学报，2007，4（2）：100-107.

[146] 郭子雪，张强. 基于直觉模糊集的突发事件应急预案评估[J]. 数学的实践与认识，2008，38（22）：64-69.

[147] 舒其林，朱元华，龚本刚. 面向多专家语言决策的突发公共事件应急预案评估方法[J]. 经济管理，2011，33（12）：158-163.

[148] Liao H C，Xu Z S，Zeng X J. Novel correlation coefficients between hesitant fuzzy sets and their application in decision making[J]. Knowledge-based Systems，2015，82（7）：115-127.

[149] 徐俊艳，孙贵东，赵静. 新的犹豫模糊集相关系数及多属性决策应用[J]. 电子学报，2018，46（6）：1327-1335.

[150] French S，Hartley R，Thomas L C，et al. Multi-objective Decision Making[M]. New York：Academic Press，1983.

[151] Yue Z L. Approach to group decision making based on determining the weights of experts by using projection method[J]. Applied Mathematical Modelling，2012，36（7）：2900-2910.

[152] 卫贵武. 基于二元语义多属性群决策的投影法[J]. 运筹与管理，2009，18（5）：59-63.

[153] Xu Z S，Hu H. Projection models for intuitionistic fuzzy multiple attribute decision making[J]. International Journal of Information Technology and Decision Making，2010，9（2）：267-280.

[154] 王应明. 多指标决策与评价的新方法投影法[J]. 系统工程与电子技术，1999，21（3）：1-4.

[155] Xu Z S，Wei C P. A consistency improving method in the analytic hierarchy process[J]. European Journal of Operational Research，1999，116：443-449.

[156] Liu F，Zhang W G，Wang Z X. A goal programming model for incomplete interval multiplicative preference relations and its application in group decision-making[J]. European Journal of Operational Research，2012，218：747-754.

[157] Groselj P，Stirn L Z. Acceptable consistency of aggregated comparison matrices in analytic hierarchy process[J]. European Journal of Operational Research，2012，223：417-420.

[158] Boehm B W，Brown J R，Lipow M.Quantitative evaluation of software quality[C]. Washington：Proceedings of the 2nd International Conference on Software Engineering，1976：592-605.

[159] Sarkar S，Rama G M，Kak A C. API-based and information-theoretic metrics for measuring the quality of software modularization[J]. IEEE Transactions on Software Engineering，2007，33（1）：14-32.

[160] Yue F，Su Z P，Lu Y，et al. Comprehensive evaluation of software quality based on fuzzy soft sets[J]. Systems Engineering and Electronics，2013，35（7）：1460-1466.

[161] Dong J L，Shi N G. Research on fuzzy extension synthesis metrics algorithm for software quality[J]. Journal of Software，2011，6（11）：2099-2105.

[162] Pizzi N J. Software quality prediction using fuzzy integration：A case study[J]. Soft Computing，2008，12（1）：67-76.

[163] Khramov V Y，Besedin P N. Use of fuzzy situations in assessment of software quality[J]. Telecommunications and Radio Engineering，2005，64（6）：455-464.

[164] Shi Z, He X G. Fuzzy software quality synthesis evaluation[J]. Systems Engineering and Electronics, 2002, 24 (12): 121-122.

[165] Zhou J H, Wang Z, Yang Z K, et al. Research on software quality evaluation based on fuzzy method[J]. Systems Engineering and Electronics, 2004, 26 (7): 988-991.

[166] Yang Y. A synthetic evaluation method for software quality[J]. Mini-micro Systems, 2000, 21 (3): 313-315.

[167] Guo Y J. Comprehensive Evaluation Theory, Methods and Extensions[M]. Beijing: Science Press, 2012.

[168] Zhang Y M, Chi G T, Xu L A. Comprehensive evaluation of human all-round development based on entropy method: Model and empirical study[J]. Chinese Journal of Management, 2009, 6 (5): 1047-1055.

[169] Chi G T, Li G, Cheng Y Q. The human all-round development evaluation model based on AHP and standard deviation and empirical study[J]. Chinese Journal of Management, 2010, 7 (2): 301-310.

[170] Zhang G Q, Li W L, Wang M Z. Combination weighting approach based on deviation function and joint-entropy[J]. Chinese Journal of Management, 2008, 5 (3): 376-380.

[171] 冯晖, 王奇. 专家评判准确性分析及专家星级评定方法[J]. 复旦教育论坛, 2012, 10 (6): 59-63.

[172] 孙明玺. 预测和评价[M]. 杭州: 浙江教育出版社, 1986.

[173] Xu Z S. Group decision making based on multiple types of linguistic preference relations[J]. Information Sciences, 2008, 178 (2): 452-467.

[174] 丁勇. 语言型多属性群决策方法及其应用研究[D]. 合肥: 合肥工业大学, 2011.

[175] 王俊韡. 中国上市公司资本结构与公司价值研究[D]. 济南: 山东大学, 2008.

[176] 蔡乙萍. 公司最优资本结构的理论与实证研究[D]. 成都: 西南财经大学, 2009.

[177] Guney Y, Li L, Fairchild R. The relationship between product market competition and capital structure in Chinese listed firms[J]. International Review of Financial Analysis, 2011, 20: 41-51.

[178] Kayo E K, Kimura H. Hierarchical determinants of capital structure[J]. Journal of Banking and Finance, 2011, 35: 358-371.

[179] Bae K H, Kang J K, Wang J. Employee treatment and firm leverage: A test of the stakeholder theory of capital structure[J]. Journal of Financial Economics, 2011, 100: 130-153.

[180] Voutsinas K, Werner R A. Credit supply and corporate capital structure: Evidence from Japan[J]. International Review of Financial Analysis, 2011, 20: 320-334.

[181] Chen C C, Shyu S D, Yang C Y. Counterparty effects on capital structure decision in incomplete market[J]. Economic Modelling, 2011, 28: 2181-2189.

[182] Hovakimian A, Li G Z. In search of conclusive evidence: How to test for adjustment to target capital structure[J]. Journal of Corporate Finance, 2011, 17: 33-44.

[183] Antzoulatos A A, Apergis N, Tsoumas C. Financial structure and industrial structure[J]. Bulletin of Economic Research, 2011, 63: 109-139.

[184] Lucey B M, Zhang Q Y. Financial integration and emerging markets capital structure[J]. Journal

of Banking and Finance，2011，35：1228-1238.

[185] Aouani Z，Cornet B. Reduced equivalent form of a financial structure[J]. Journal of Mathematical Economics，2011，47：318-327.

[186] Sugeno M. Theory of fuzzy integrals and its application[D]. Tokyo：Tokyo Institute of Technology，1974.

[187] Newman A，Gunessee S，Hilton B. Applicability of financial theories of capital structure to the Chinese cultural context：A study of privately owned SMEs[J]. International Small Business Journal，2012，30：65-83.

[188] Lowe P. An introduction to internet-based financial investigations：Structuring and resourcing the search for hidden assets and information[J]. Crime Law and Social Change，2012，57：117-119.

[189] 何进日，江伟，郑尊信. 我国上市公司资本结构的评价模型[J]. 华东经济管理，2002，16：112-114.

[190] 陈瑜. 上市公司资本结构评价模型研究——基于电子信息行业[D]. 福州：福建农林大学，2006.

[191] 田丽. 基于因子分析法的资本结构评价指数构建[D]. 成都：西南财经大学，2009.